William Thierry Preyer

Über die Grenzen

der

Tonwahrnehmung

Elibron Classics
www.elibron.com

Elibron Classics series.

ISBN 0-543-84042-5 (paperback)
ISBN 0-543-84041-7 (hardcover)

This Elibron Classics Replica Edition is an unabridged facsimile
of the edition published in 1876 by Hermann Dufft, Jena.

ÜBER
DIE GRENZEN
DER
TONWAHRNEHMUNG.

VON

W. PREYER.

JENA,

Verlag von Hermann Dufft.

1876.

Vorwort.

Unter den vielen Problemen der physiologischen Akustik nimmt die Frage nach der Leistungsgrenze des Gehörs eine hervorragende Stelle ein; sie ist für die Physik, für die Physiologie, für die Musikwissenschaft und auch für die Otiatrik zugleich von Interesse.

Ich hoffe daher, dass der vorliegende Versuch die Grenzen der Tonwahrnehmung nach ihren verschiedenen Richtungen zu ermitteln auch ausserhalb des Kreises der Fachgenossen Beachtung finde.

Es wird durch die in dieser Schrift niedergelegten Untersuchungen von mir dargethan, dass die vorhandenen Angaben über die Schwingungszahlen tiefster Töne ungenau sind, indem einfache oder pendelartige Schwingungen von geringerer Frequenz, als man in der neuesten Zeit annimmt, bei gehöriger Stärke eigenthümlich milde summende Töne geben, welche in der Empfindung tiefer sind, als die bisherigen vermeintlichen tiefsten Töne.

Sodann werden die allzuoft wiederholten Zweifel beseitigt, ob es möglich sei, 24000 bis gegen 40000 Doppelschwingungen in der Secunde zu hören. Es ergab sich, dass man noch Töne der achtgestrichenen Octave nicht allein wahrnehmen, sondern auch von einander unterscheiden kann.

Ferner wird nachgewiesen, dass das Vermögen, kleine Tonhöhenunterschiede zu erkennen, viel weiter reicht, als man bis jetzt glaubte, wodurch die psychophysische Regel ihre Gültigkeit für dieses Gebiet verliert. Denn es stellte sich heraus, dass die relative Unterschiedsempfindlichkeit innerhalb weiter Grenzen mit der Tonhöhe zunimmt, indem das Verhältniss des eben wahrnehmbaren Unterschiedes der Schwingungszahlen zu diesen mit zunehmender Tonhöhe abnimmt, und dass die absolute Unterschiedsempfindlichkeit innerhalb derselben Grenzen fast constant bleibt, sofern überall vom ungestrichenen bis zum dreigestrichenen c die erkennbare Abweichung vom Einklang zwischen $^1/_4$ und $^1/_2$ Schwingung liegt, was beides dem psychophysischen Satze widerspricht.

An diesen Nachweis knüpft sich eine Studie über die Empfindlichkeit des musikalischen Gehörs für die Reinheit consonirender Intervalle. Auch diese Empfindlichkeit erweist sich in hohem Grade abhängig von der Schwingungsfrequenz schon innerhalb des Tonumfangs der Violine; sie ist ausserdem für die einzelnen Intervalle in anderer Weise ungleich, als bisher behauptet wurde.

Endlich habe ich darzulegen versucht, dass die Empfindung der Stille eine wahre positive Empfindung und ebenso verschieden ist von dem Nichthören, wie das Schwarzsehen im Dunkeln vom Nichtsehen mit dem blinden Fleck.

Hier wie in den vorhergehenden Auseinandersetzungen der Ergebnisse war es mein Bestreben, möglichst auf dem Boden der Thatsachen stehen zu bleiben.

Aus diesem Grunde musste ich auf die Vergleichung der menschlichen Gehörsgrenzen mit denen der Thiere verzichten, und konnte die Differenzirung der ersteren aus den letzteren, und beider aus dem Tastsinn, nicht verfolgen, um dann die gefundenen Wahrnehmungsgrenzen im Einzelnen als durch das Organ bedingt nachzuweisen.

Die anatomischen Data sind zwar mannigfaltig, aber nicht

im Einklang; und so lange die Zahl und Anordnung der letzten Nervenenden im Ohrlabyrinth nicht genauer bekannt sind als jetzt, ist es wenig erspriesslich, sich mit Speculationen darüber, wie es sein könnte, zu beschäftigen. Man wird also, hoffe ich, nicht tadeln, dass diese Arbeit Vieles nicht enthält, was im Zusammenhang mit den Tongrenzen steht, namentlich keine eingehende Erörterung des Begriffes der Uebung, durch welche die äussersten Grenzen aller sinnlichen Wahrnehmung allein verwirklicht und erkannt werden können.

Zum Verständniss der Bezeichnungen ist es erforderlich festzuhalten, dass ausnahmslos die Tonhöhe in ganzen Schwingungen oder Doppelschwingungen ausgedrückt ist, von denen eine auf zwei *vibrations simples* kommt.

Alle Schwingungszahlen ohne nähere Angabe beziehen sich auf eine Secunde oder den sechzigsten Theil einer Minute.

Das Zeichen == bedeutet: „ist in der Empfindung gleich" oder „wird für gleich gehalten", dagegen ≠ „ist in der Empfindung ungleich" oder „wird für ungleich gehalten". Also 500,0 == 500,1 bedeutet: „Ein Ton von 500 ganzen Schwingungen in einer Secunde ist in der Empfindung gleich einem solchen von 500,1 Schwingungen", und „1,3333 ≠ 1,3500" bedeutet: „Das Verhältniss der reinen Quarte 1,3333 ist in der Empfindung verschieden von dem Verhältniss der übermässigen Quarte 1,35".

Die Ausdrücke „vermindert" und „übermässig" sind frei gebraucht worden, um jede beliebige Verminderung, beziehlich Erhöhung eines Intervalls zu bezeichnen, wodurch im vorliegenden Falle kaum ein Missverständniss veranlasst werden wird. Ebenso wird es ohne Erläuterung klar sein, dass das Zeichen $>$ vor einer die Empfindlichkeit ausdrückenden Zahl bedeutet: „Diesen Versuchen zufolge ist die Empfindlichkeit wenigstens so gross, wie die Zahl besagt". Das Zeichen $<$ vor der Empfindlichkeitsziffer dagegen drückt aus: „Die Empfindlichkeit erreicht diesen Versuchen zufolge die beistehende

Zahl nicht". Ist vor der Zahl ein $\gtrsim$ angebracht, so will das heissen: „Die Empfindlichkeitsziffer wird oft grösser, als die beistehende Ziffer gefunden, nicht so oft kleiner." Das Zeichen $\lesssim$ vor derselben Ziffer bedeutet umgekehrt: „Man findet die Empfindlichkeit bald kleiner, bald grösser, als die Zahl angibt, öfter aber kleiner".

Jena im Herbst 1875.

Der Verfasser.

Inhaltsanzeige.

I.

Die tiefsten Töne.

Wieviel Luftschwingungen in einer bestimmten Zeit, etwa einer Secunde, erforderlich sind, um eine Tonempfindung zu veranlassen, haben zwar mehrere hervorragende Forscher zu ermitteln sich bemüht, aber die Ergebnisse, zu denen sie gelangten, weichen so sehr von einander ab, dass eine erneute Untersuchung dringend wünschenswerth geworden ist.

Sauveur [1]) fand, dass eine Orgelpfeife von 40 Fuss Länge den tiefsten Ton, den er noch hören konnte, gab, und folgert, da sie achtmal so lang sei wie die „etwa“ 5 Fuss lange seines „fixen Tones“ von 100 Schwingungen, dass der tiefste Ton $12\frac{1}{2}$ Schwingungen in der Secunde ausführe. Angenommen, die Beobachtung wäre genau, so würde doch auf die Zahl $12\frac{1}{2}$ kein Werth zu legen sein, weil man nicht weiss, ob bei so grossen Dimensionen der Pfeife die bekannte Beziehung der Länge zur Höhe des Tones noch angenähert gilt, und es zweifelhaft ist, ob der gehörte Ton der Grundton war. Hierauf macht auch Despretz [2]) aufmerksam. Die Zahl $12\frac{1}{2}$ kann demnach den tiefsten Ton nicht bezeichnen.

Chladni [3]) verkürzte eine gespannte Saite, so dass sie anfangs 2 (sichtbare, zählbare), dann 4, dann 8, dann 16 Schwingungen in der Secunde machte, und bemerkte erst von ungefähr 16 an eine Wirkung auf das Gehör. Unterhalb 15 bis 16 hörte er garnichts, meint aber, es könne vielleicht lebende Wesen geben, die weit langsamere Schwingungen als einen deutlichen Ton vernehmen. Gegen diese Bestimmung ist einzuwenden,

---

[1]) Hist. de l'acad. roy. des sciences. Année 1700. Seconde édit. Amsterdam 1734. Hist. p. 190.

[2]) Comptes rendus de l'ac. d. sc. Paris 1845. T. 20, p. 1214.

[3]) Die Akustik. Leipzig 1802, S. 2, 36, 294.

dass vielleicht nur darum unter 16 nichts gehört wurde, weil die Schwingungen nicht intensiv genug waren. Auch wiederholt sich hier das vorhin geäusserte Bedenken, ob die Schallempfindung dem Grundton 16 zukomme. Jeder Nachweis, dass es der Fall gewesen, fehlt. Somit geht aus diesem Versuch nur hervor, dass 16 Schwingungen einer Saite eine Tonempfindung veranlassen, keineswegs aber, dass der tiefste Ton 15 bis 16 Schwingungen macht.

Biot[1]) spannte eine Saite von gleichbleibender Länge successive durch zunehmende Gewichte, so dass anfangs ihre Schwingungen nicht gehört wurden, und fand, dass ihrer auch für das schärfste Ohr wenigstens 16 stattfinden mussten, um einen vernehmlichen Ton zu geben. In diesem Falle gab sie denselben Ton wie eine offene Orgelpfeife von 32 Fuss Länge. Biot meint aber, die Grenze der noch vernehmlichen Töne, d. h. solcher, die sich ihrer Höhe und Tiefe nach vergleichen lassen, könne nur näherungsweise angegeben werden und lasse keine scharfe Bestimmung zu; jedoch nimmt er ausdrücklich das Subcontra-C von 16 Schwingungen als tiefsten Ton an. Diese Bestimmung ist darum nicht zuverlässig, weil für die 32füssige Orgelpfeife der Nachweis fehlt, dass das Gehörte allein durch die 16 Grundschwingungen und nicht durch Schwebungen derselben mit dem ersten Oberton von 32 Schwingungen zu Stande kam. War es der Fall, so konnte es auch bei der Saite der Fall sein, und das Gehörte war dann nicht der tiefste Ton, sondern der Effect der 16 Schwebungen einer vielleicht unhörbaren Schwingungsreihe von 16 Luftstössen mit ihrer Octave.

Auch Wollaston[2]) meinte, es gebe für ein gesundes Menschenohr im Normalzustand keine bestimmte untere Tongrenze. Lasse man die Zahl der Schwingungen allmählich abnehmen, so könne man selbst bei der grössten Sorgfalt nicht leicht den Punct bezeichnen, wo man anhalten müsse, um noch einen musikalischen Effect zu haben. Man höre noch die schwingenden Bewegungen, nachdem sie ein blosses Zittern geworden, dass man sie durch Tasten wahrnehmen und fast zählen kann. Diese Bemerkung wäre durchaus zutreffend, wenn der Schlusssatz erwiesen wäre, dass es wirklich die langsamen Schwingungen sind,

---

[1]) Lehrb. d. Experimentalphysik. 2. Aufl. der deutschen Bearbeitung v. G. Th. Fechner. Leipzig 1829. 2. Bd. S. 3 u. 21.

[2]) Philosophical Transactions for the year 1820, pt. II. London 1820, S. 310.

welche unmittelbar gehört wurden, und nicht vielmehr Obertöne oder Nebengeräusche.

Savart [1]) kam mittelst seines bekannten Zahnrades und rotirenden Stabes zu dem Resultate, dass noch 7 bis 8 Schwingungen als Ton gehört werden. Er meinte sogar, dass durch gehörige Verlängerung der Dauer der einzelnen Eindrücke noch tiefere Töne hörbar gemacht werden könnten, und auch er glaubte, dass es für die Hörbarkeit tiefer Töne keine Grenze gebe.

Diese Behauptung hat Helmholtz [2]) entkräftet, indem er nachwies, dass das Savart'sche Instrument darum ganz ungeeignet ist, tiefste Töne hörbar zu machen, weil bei ihm die einzelnen Luftstösse sehr kurz im Vergleich zur ganzen Schwingungsperiode sind, also die Obertöne sehr stark entwickelt sein müssen, folglich, was bei 8 Schlägen gehört wird, nur von den Obertönen herrühren kann.

Uebrigens kam Savart [3]) selbst bei einer anderen Versuchsweise zu dem Ergebniss, dass der Toncharakter erst bei einer grösseren Anzahl von Schlägen beginnt. Er fand nämlich, dass wenn ein Rad mit einem einzigen Zahne mehr als 32 Umläufe in der Secunde macht und mit dem Zahne bei jedem Umlaufe an eine Karte schlägt, die periodische Wiederkehr des Schlages einen eigenthümlichen und aushaltenden Ton erzeugt, der desto höher wird, je beträchtlicher die Zahl der Umläufe. Aber diese Bestimmung ist nicht ausreichend. Selbst wenn dem gehörten Tone 32 Schwingungen wirklich zukamen, ist es fraglich, ob nicht schon unter 32 bei gesteigerter Aufmerksamkeit und verbesserter Schallzuleitung ein Ton gehört worden wäre, der nur von den starken Obertönen verdeckt wurde. Also kann aus Savart's Versuchen die Schwingungszahl des tiefsten Tones nicht abgeleitet werden. Aber auch seine Ansicht, dass es keine eigentliche untere Tongrenze gebe, wird durch dieselben nicht begründet, denn er vermochte es nicht, die Dauer der einzelnen Eindrücke so zu verlängern, wie er es doch für möglich hielt, weil die Verschmelzung der G e r ä u s c h e der einzelnen Schläge ihm einen continuirlichen Schall vortäuschte.

Despretz [4]), davon ausgehend, dass jede Reihe von langsamen

---

[1]) Poggendorff's Ann. d. Physik u. Chemie 1831. Bd. 22, S. 596 bis 600

[2]) Lehre v. d. Tonempfindungen. Braunschweig 1863, S. 266.

[3]) Poggend. Ann. 1830. 20. Bd., S. 301.

[4]) Poggend. Ann. 1845. 65. Bd., S. 440 bis 451, oder Comptes rendus de l'ac. d. sc. Paris 1845. T. 20, S. 1215.

oder schnellen Schwingungen, welche sich mit einem musikalischen Tone nicht vergleichen lässt, kein Ton sei, schloss aus seinen Versuchen, es sei nicht erwiesen, dass weniger als 16 Schwingungen für das menschliche Ohr einen vernehmbaren Ton geben. Er blieb bei dem G_1 von 48 Schwingungen stehen. Ein 86 Centimeter langer und 31 Millimeter dicker rotirender Holzstab, der nur an den Kanten der Enden, die gegen die Luft schlugen, mit Kupferblech belegt war, gab diesen Ton, auch wenn die Zahl der Schläge nur 8 in der Secunde betrug, und wenn dieselbe auf 15 bis 16 stieg, wurde doch nicht seine Octave und nicht ein Ton von 15 oder 16 Schwingungen gehört. Ueberhaupt vermochte niemand bei Wiederholung des Savart'schen Versuchs zu hören, dass der tiefste vernehmbare Ton aus den Schlägen des Stabes entspringe. Vielmehr handelt es sich dabei, wie Despretz mit Recht bemerkt, um eine Vielheit von Tonquellen. Aber es lässt sich aus seinen eigenen Versuchen nichts Bestimmtes entnehmen darüber, ob bei einer geringeren Zahl von Schlägen als 16 in der Secunde, nicht auch tiefere Töne als G_1 hörbar gemacht werden können. In der That muss Despretz Alles für Geräusch erklärt haben, was bei seinen Versuchen neben dem G_1 durch Obertöne zu Stande kam, die er von dem Grundton nicht isolirte. Daher ist auch sein Ausspruch, es sei nicht bewiesen, dass man weniger als 16 Schwingungen als Ton höre, so wahr er wörtlich genommen ist, doch wenig werth, weil er die ganze Frage nach den Schwingungszahlen tiefster Töne offen lässt. Denn dass dieselbe nicht unter 48 hinabgehe, wird nicht behauptet.

Erst Helmholtz [1]) brachte ganz bestimmte Angaben über jene Schwingungszahlen. Er zuerst machte sehr tiefe Töne ohne Obertöne hörbar, worauf es in erster Linie ankommt, nachdem er mittelst der Doppelsirene bewiesen hatte, dass Luftbewegungen, deren Form nicht die der pendelartigen Schwingungen ist, starke Empfindungen von Tönen hervorrufen können, deren Schwingungszahl 2 oder 3mal grösser als die Zahl der Luftstösse ist, ohne dass der Grundton durchgehört wird. Durch diese Entdeckung ist ein wesentlicher Fortschritt erzielt worden. Nur pendelartige Schwingungen, Töne ohne alle Obertöne, und zugleich sehr starke Luftbewegungen können zur Auffindung einer unteren Tongrenze dienen. Daher sind schon die Klänge

---

[1]) L. c. S. 263 u. f.

der Orgelpfeifen hierzu nicht verwendbar. Jedenfalls fehlt die Garantie dafür, dass, was in der 32füssigen Octave gehört wird, nicht von Obertönen herrührt. Zunächst suchte nun Helmholtz tiefste Töne ohne Obertöne hörbar zu machen, indem er Saiten mit Metallstücken belastete, so dass sie beim Anschlagen nur hohe unharmonische Obertöne gaben, welche mit dem Grundton nicht verwechselt werden können. Dabei zeigte sich, dass schon das D_1 von 37 Schwingungen nur eine schwache Tonempfindung gab, die etwas Knarrendes hatte, während bei dem B_2 von 31 kaum noch etwas zu hören war. Die Eigenschaft des D_1, sich noch etwas knarrend anzuhören, lässt die Möglichkeit offen, dass es doch in der Luft des Resonanzkastens zur Bildung von Obertönen gekommen sei, die vielleicht beim B_2 allein gehört wurden. Aber selbst wenn dieses Bedenken vollständig gehoben würde, ist noch möglich, dass tiefere Töne als B_2 vielleicht nur darum unhörbar blieben, weil die Schwingungen der Saite zu schwach waren. Daher das Endresultat, dass bei etwa 30 Schwingungen die Tonempfindung beginne, aber erst bei etwa 40 die Töne eine bestimmte musikalische Höhe bekommen, durch diese Versuche nicht bewiesen wird. Später bemerkt Hemholtz[1]), bei dem Saitenton B_2 von 34 Schwingungen sei kaum noch etwas zu hören, und an zwei grossen König'schen Stimmgabeln, von denen die eine durch die an ihren Zinken verschiebbaren Laufgewichte 24 bis 35, die andere ebenso 35 bis 61 Schwingungen geben konnte, stellte er fest, dass bei 30 noch deutlich ein schwacher dröhnender Ton, bei 28 kaum noch eine Spur gehört wurde. Die letzteren Beobachtungen sind die werthvollsten von allen, weil hier in der That die Obertöne gänzlich fehlten und doch die Schwingungen eine grosse Weite — bis 9 Millimeter — hatten. Auch O. Wolf[2]) hörte diesen tiefen Gabelton 28 und schliesst, dass die Leistungsfähigkeit auch des geübtesten Ohres in Bezug auf Tonhöhen begrenzt sei, indem ein tiefster einfacher Ton, selbst wenn man ihn in der grössten Stärke erzeugte, erst dann eine continuirliche Tonempfindung hervorrufen würde, wenn die Luftschwingungen die Zahl 28 in der Secunde erreichen, weil eine geringere Anzahl nicht als Ton, sondern als einzelne Luftstösse nur isolirt zum Bewusstsein gebracht werden könnte. Somit

---

[1]) Lehre v. d. Tonempfindungen. 3. Ausg. Braunschw. 1870, S. 279 u. 280.
[2]) Sprache u. Ohr. Braunschw. 1871, S. 245.

wäre die Schwingungszahl des tiefsten Tones gefunden und zwar wäre sie 28. Der Einwand, dass Obertöne sich störend eingemischt hätten, ist freilich beseitigt, aber der andere, dass die Oscillationen der grossen Stimmgabeln nur darum nicht jenseit 28 gehört wurden, weil ihre Amplitude noch nicht gross genug war, ist nicht beseitigt, erhält vielmehr dadurch eine starke Stütze, dass die tiefsten Gabeltöne um so leiser werden, je tiefer sie werden. Der tiefste ist der schwächste, also fehlt jede Bürgschaft dafür, dass Schwingungen unterhalb 28, wenn sie nur stark genug sind, unhörbar seien. Aber es ist insofern eine werthvolle Thatsache ermittelt, als nun sicher ist, dass der tiefste Ton nicht mehr als 28 Schwingungen macht. Er könnte nur weniger haben.

Der von Wolf[1]) beschriebene Appunn'sche „Tongrenze-Apparat" kann hierüber freilich keine Auskunft geben, schon weil die (an Obertönen sehr reichen) Klänge der Metallzungen desselben von 4, 8, 16, 32 Schwingungen gerade zwischen 8 und 32 keine Abstufungen gestatten. Dieses Instrument lehrt jedoch, dass man bei 4 und 8 Schwingungen weder Töne noch Dröhnen, sondern trotz der grossen Schwingungsweite nur ein Klappern, ein Reibungsgeräusch, hört. Im Ganzen ergiebt sich somit aus den vorhandenen Versuchen, die Höhe des tiefsten Tones zu bestimmen, dass dieselbe zwischen 8 und 28 liegen muss.

Ueber 8 muss die Schwingungszahl schon darum betragen, weil man einen Ton oder auch einen Knall, einen Schlag mehr als achtmal durch Anschlagen mit den Fingern hervorrufen kann, ohne dass eine Verschmelzung der Eindrücke sich geltend macht. Leicht kann ich über 40 von einander wohl gesonderte Puncte mit Kreide auf eine Tafel innerhalb 5 Secunden zeichnen und höre deutlich isolirt bei jedem Puncte den lauten Stoss. Auch ist nicht zu bezweifeln, dass 8 in Intervallen von $^1/_8$ Secunde in der Nähe abgefeuerte Flintenschüsse anders klingen, als 8 gleichzeitige Schüsse. Also wird das Ohr noch viel weniger 8 pendelartige Schwingungen in 1 Secunde zu einem Ton verschmelzen können, seien sie auch noch so stark, vielmehr garnichts hören, oder achtmal dasselbe Reibungsgeräusch, welches bei gehörig gesteigerter Schwingungsfrequenz nicht mehr gehört werden kann, weil es an sich schon leise, von den dann entstandenen Tönen verdeckt wird. Dass beim Trillern

---

[1]) L. c. S. 246.

in tiefen Lagen, wegen der mangelhafteren Dämpfung im Ohr, schon die Fusion der beiden Klänge beginnt, ist kein Einwand, denn man unterscheidet dabei immer bequem, ebenso wie beim achtmal in der Secunde wiederholten Erklingen eines und desselben Tones, die Empfindung von der Empfindung des anhaltenden Tones, der nur durch einmaligen Anschlag entstand. Also mehr als 8 Schwingungen müssen die tiefsten Töne haben.

Um genau den Grenzwerth zu bestimmen, schienen mir nun die gigantischen Stimmgabeln nicht geeignet. Ich habe mich zwar mittelst derselben überzeugt, dass auch unterhalb 28 bei höchster Spannung der Aufmerksamkeit und völlig lautloser Umgebung noch ein sehr leiser Brummton gehört werden kann, aber über 24 hinaus reichen bis jetzt die Stimmgabeln nicht, obwohl kein theoretischer Grund vorliegt, weshalb sie nicht in noch grösseren Dimensionen sollten angefertigt werden können. Man hat also nicht die Sicherheit, dass das Ausbleiben der Tonempfindung bei den 24 Schwingungen der schwer belasteten Gabel, welche noch als Erschütterung der Luft an der Ohrmuschel gefühlt werden — nicht auf mangelnder Stärke der Schwingungen beruht. Ich schlug daher einen anderen Weg ein.

In Erwägung, dass, wie Helmholtz darthat, Luftbewegungen, welche tiefen und an Obertönen reichen Klängen entsprechen, gleichzeitig sowohl eine continuirliche Empfindung eines tiefen Tones, als auch discontinuirliche Empfindungen hoher Töne erregen, durch die sie rauh und knarrend oder dröhnend werden, kam ich zu dem Schlusse, dass auch bei solchen Klängen, deren Grundton so tief liegt, dass er nicht mehr unter gewöhnlichen Umständen gehört, sondern von dem Dröhnen verdeckt wird, dieser sich müsse, sei es durch Resonatoren, sei es durch verbesserte Zuleitung in das Ohr, hörbar machen lassen, soweit er überhaupt hörbar ist, wenn die Stärke der Schwingungen mit der abnehmenden Frequenz derselben wächst und die Obertöne abgeschwächt oder ausgelöscht werden. Diese Bedingungen lassen sich vollkommen erfüllen mittelst der Klänge von metallenen Zungen. Denn es herrscht darüber kein Zweifel, dass man, so lange sie über 40 Schwingungen machen, den Grundton im Klange mithört, und so lange sie nur 8 Schwingungen ausführen, diese 8 nicht als Ton hört. Zwischen den Endpunkten 8 und 40 muss also eine Frequenzzahl sich finden lassen, wo im Klange der Zunge der Grundton unter allen Umständen nicht mehr gehört wird, und eine andere höhere Frequenzzahl, wo man noch vollkommen deutlich einen tiefen Ton percipirt. Um diese beiden Schwingungszahlen, welche nach der obigen Auseinandersetzung zwischen 8 und 28 liegen, zu ermitteln, diente nun eine Reihe von Metallzungen, welche Hr. Appunn in Hanau mir vorzüglich exact hergestellt hat und welche den Schwingungszahlen 8, 9, 10, 11, 12, 13, 14, 15, 16, 17, 18, 19, 20, 21, 22, 23, 24, 25, 26, 27, 28, 29, 30, 31, 32, 34, 36, 38, 40 genau entsprechen. Die Zungen stehen aufrecht, so dass man sie während des Dröhnens und während sie abklingen schwingen sieht durch die Glaswand des Kastens, in dem sie befestigt sind. Im Uebrigen ist der Apparat, welchen ich Grundtöne-Apparat nenne, so eingerichtet wie der bekannte Appunn'sche [1]) Obertöne-Apparat. Er bedarf nur eines sehr starken Blasebalgs. Ich erwartete mit demselben noch tiefere Töne, Grundtöne der Klänge, zu hören, als bei den grossen Stimmgabeln, weil die Amplitude der Schwingungen hier eine viel grössere ist. Und diese Erwartung bestätigte sich vollkommen. Zunächst kann auch ohne Resonatoren, deren ungemeine Grösse, wenigstens wenn sie kugelförmig oder kegelförmig sein sollen, höchst unbequem sein würde, die daher cylindrisch anzufertigen sind, deutlich oberhalb 32 der Grundton, wie ihn die Stimmgabeln geben, im Klange gehört werden, trotz der sehr zahlreichen und starken Obertöne. Anders unterhalb 26. Hier hört auch der Aufmerksamste und Geübteste schwerlich ohne Weiteres im Klange den Grundton durch. Lässt man aber die Zunge ausklingen und legt man die Ohrmuschel im Augenblick, da alles Dröhnen erlischt, fest an die Holzwand des Kastens, so hört man mit Leichtigkeit vollkommen deutlich einen eigenthümlichen ganz tiefen summenden Ton, der nach und nach an Intensität abnimmt, bis er plötzlich verschwindet, dann nämlich, wenn die pendelnde Zunge schwächer schwingt und nahezu wieder in ihre Gleichgewichtslage zurückgekehrt ist. Dass diese Empfindung, eine wahre Tonempfindung, wirklich durch die Schwingungen des Grundtons direct hervorgerufen wird, ist sicher. Denn der Ton stimmt völlig überein mit dem gleich hohen der grossen Stimmgabeln und ausserdem ist das Gehörte sehr viel tiefer als irgend ein Oberton in dem Klange war, ehe er erlosch. Die Tiefe dieses isolirten Grundtons nimmt mit der

[1]) Abgebildet bei Wolf, Sprache u. Ohr, S. 16 u. 17.

abnehmenden Schwingungszahl eben merklich zu für alle Normalhörenden bis 24. Aber seine Intensität nimmt von hier an schnell ab, obwohl die Amplitude der einzelnen Schwingung mit der Zunahme ihrer Dauer sehr bedeutend zunimmt. Aus diesem Grunde ist eine an Gewissheit grenzende Wahrscheinlichkeit vorhanden, dass, wenn man, während die Zunge nachschwingt, nichts hört, der Grundton wirklich unhörbar ist. Denn höre ich im Augenblick, wo der Klang mit dem Grundton 20 nicht mehr dröhnt, beim Anlegen des Ohres einen milden, eigenthümlich summenden Ton laut und deutlich und höre ich, wie es der Fall ist, unter ganz denselben Verhältnissen bei 14 garnichts, obwohl hier die Amplituden der Schwingungen erheblich grösser sind, so muss zwischen 14 und 20 für mein Ohr die Schwingungszahl des tiefsten Tones liegen. Das „Nichtshören" wird von Allen, die ich prüfte, — und es sind sehr Viele — constant bei den Frequenzen unterhalb 14 angegeben. Man fühlt wohl die Intermittenzen als Erschütterungen der Ohrmuschel, man sieht die Schwingungen, aber man hört sie nicht. Das Einzige, was gehört wird, ist die acht- bis vierzehnmalige Wiederkehr des durch das Vorbeistreichen der Luft verursachten Geräusches, ein Hauchen, aber nicht die leiseste Tonempfindung tritt auf. Ueber 14 ist das Hauchen gleichfalls vorhanden, aber daneben fängt schon eine dumpfe Tonempfindung an merklich zu werden. Um so sicherer ist dieses Ergebniss, als gerade bei den kleinsten Schwingungszahlen die Dauer der Nachschwingungen am grössten ist, was die Wahrnehmung tiefer Töne, wenn sie hörbar wären, wesentlich erleichtern muss und namentlich dem Auffassen der Grundtöne von 18 bis 25 zu statten kommt. Geht man aber die Reihe weiter aufwärts fort, so verkürzt sich die Dauer des Nachschwingens mit der Zunahme der Schwingungsfrequenz so schnell, dass bei 40 nach dem Erlöschen der Obertöne kaum noch ein Ton gehört wird, und schon bei 32 bis 36 ist der Grundton isolirt von sehr kurzer Dauer. Da es sich aber nicht um diese Töne, sondern um die tieferen Octaven derselben handelt, so ist dieser Umstand für die vorliegende Frage irrelevant, denn oberhalb 32 hört man den Grundton schon im Klange.

Wo innerhalb des Intervalls 15 bis 28 die eigentliche Tonempfindung beginnt, lässt sich aber ganz bestimmt nicht angeben, weil hier individuelle Verschiedenheiten vorkommen. Ein Violinspieler hörte den Ton 24 sehr deutlich, aber nichts mehr bei 18 und 22 und gab jedesmal richtig an, wann von den drei isolirten Grundtönen der von 24 klang. Ich selbst dagegen höre ebenso sicher bei 19 noch einen tiefen Ton, bei 18 und 17 weniger deutlich, bei 16 höre ich manchmal einen Ton, manchmal nicht, bei 15 aber nie einen Ton, sondern höchstens einen leisen, schwer zu bezeichnenden dumpfen Schall, der aber, wie alle die tiefsten Töne, nichts Knarrendes, Dröhnendes oder Rauhes, sondern vielmehr etwas Mildes hat. Bei 19 bis 25 höre ich deutliche Töne, die alle summen oder brummen, aber, da sie nicht laut werden, sanft verklingen.

Ein Beobachter, der theoretisch ununterrichtet ist, aber sehr scharf hört, stimmt mit mir in diesen Angaben völlig überein. Einige weichen bezüglich der untersten Tongrenze ein wenig ab, sofern sie schon bei 19 bis 23 nichts mehr hören, wie ich bei 14. Das Endergebniss der hundertfältig wiederholten Prüfungen, bei welchen der Hörende nicht weiss, welche Schwingungsfrequenz er wahrnehmen soll, lässt sich in der folgenden Zusammenstellung übersehen, wobei jedoch schon eine gewisse Uebung im Beobachten vorausgesetzt wird.

8 9	Kein Ton; man hört ein intermittirendes Reibungsgeräusch, dessen Intermissionen zählbar;
10 11 12 13 14	kein Ton; man fühlt die Erschütterungen und sieht die Bewegungen, das Klappern wird schwächer;
15	kein Ton; Einige haben eine dumpfe Schallempfindung.
16 17 18	Die Tonempfindung beginnt; neben den dem Tastsinn noch erkennbaren Erschütterungen der Luft hören Viele einen dumpfen Schall;
19 20	hier wird bei Vielen die Tonempfindung deutlich; der Ton ist leise brummend.
21 22	Viele hören hier einen summenden Ton.
23 24	Jeder mit normalem Gehör Begabte hört hier einen sehr tiefen milden schönen Ton;
25 26 27 28 29 30	der Ton wird mit zunehmender Höhe wegen der Abnahme seiner Dauer weniger leicht wahrnehmbar, ist aber hier noch deutlich.

31, 32 } Der Ton noch deutlich, aber von kurzer Dauer;

34, 36, 38 } der Ton wird sehr kurz und schwer wahrnehmbar.

40) Kein Ton mehr wahrzunehmen, weil die Nachschwingungen zu schwach geworden sind.

Man kann also nicht allgemein von einem tiefsten Tone reden, denn jedes Ohr hat seine besondere untere Tongrenze, und es ist möglich, wenn auch nicht wahrscheinlich, dass Einzelne auch bei 14 einen Ton hören, während Andere thatsächlich bei 23 keinen mehr wahrnehmen. Ich muss für mein Ohr bei 15 stehen bleiben und glauben, dass die meisten Normalhörigen die Grenze zwischen 14 und 24 verlegen werden. Die Bestimmung im einzelnen Falle ist etwas umständlich, weil sie grosse Anspannung der Aufmerksamkeit verlangt. Der Ungeübte muss zuerst sein Ohr fest und ohne Zerrung der Muschel in günstigster Lage anlegen lernen, dann unterscheiden lernen die Empfindung im Ohre, ohne dass etwas schwingt, von der, wenn die Zunge schwingt ohne zu dröhnen. Auch erfordert die verschiedene Dauer des Nachschwingens, dass man anfangs bei den tiefsten Tönen wenigstens eine halbe Minute lang lauscht, um den Moment zu erfassen, in dem der Ton verschwindet. Nur dann ist man ganz sicher, bei 15 bis 20 etwas gehört zu haben. Und schliesslich kann nur der im Beobachten Geübte bei derselben Schwingungszahl jedesmal dasselbe Urtheil abgeben, ob er einen Ton gehört habe oder nicht. Diese Uebung ist aber schnell und leicht zu erwerben. Musiker und Clavierstimmer hören sogleich die tiefsten Töne. Diese erklären auch die Gehörsempfindungen von etwa 24 Schwingungen noch für wirkliche Töne; sie lassen sich aber schlechterdings nicht musikalisch bestimmen. In der Subcontraoctave 16—32 ist besonders deutlich das G_2 von 24 Schwingungen, aber niemand erkennt ohne Weiteres die Quarte der beiden Grundtöne $G_2 : C_1$.

Ich muss daher annehmen, dass die tiefsten Orgeltöne von 16 bis gegen 20 Schwingungen nicht auf der Wahrnehmung der Grundtöne beruhen, sondern durch die Obertöne zu Stande kommen. Das 32füssige C_2 giebt 16 Stösse, die man noch deutlich intermittirend, gerade wie Schwebungen, hört. Dieselben werden wahrscheinlich dadurch zu Stande kommen, dass der erste Oberton 32 mit dem unhörbaren oder kaum hörbaren

Grundton von 16 gerade 16 Schwebungen gibt, und so die anderen tiefsten Orgeltöne in der unteren Hälfte der Subcontraoctave. Lasse ich eine Stimmgabel von 128 Schwingungen tönen und zugleich deren Octave, dann höre ich, so lange die letztere Gabel tönt, den Ton 128 ungemein stark, so stark, dass bald der Ton 256 gar nicht mehr gehört wird. Dieses kann nur dadurch geschehen, dass der Combinationston 128 gleich ist dem ersten Gabelton. Dasselbe muss aber für alle Klänge gelten, deren 1. Oberton stark ist. Der Differenzton des Grundtons und ersten Obertons verstärkt den Grundton, und wenn dieser unhörbar ist, glaubt man ihn zu hören, sobald seine Octave zugleich erklingt, weil man den ihm gleichen Differenzton hört. Man kann nicht einwenden, dass die Obertöne der Orgelpfeifen zu schwach seien, denn die tiefsten Grundtöne sind immer noch schwächer und mit der Zunahme der Dimensionen der Pfeife müssen die Obertöne stärker, dagegen die Grundtöne schwächer und unhörbar werden. Hiermit ist keineswegs ausgeschlossen, dass ein Orgelton von 24 noch direct gehört werden könne, ich selbst habe ihn vielmehr wiederholt vernommen. Aber die directe Perception lauter Töne von 16 bis 20 Schwingungen ist mittelst der Orgel nicht dargethan. Bei 16 hört man keinen deutlichen Ton mehr, sondern nur einen dumpfen Schall neben den starken Schwebungen.

Die durch die mitgetheilten Beobachtungen definitiv bestimmte untere Tongrenze führt also durch einen sonderbaren Zirkel zu den früheren Bestimmungen von Chladni und Biot zurück, indem nun feststeht, dass weniger als 15 pendelartige Schwingungen keine Schallempfindung geben, diese aber beginnt, sowie jene Zahl um 1 bis 9 wächst, wenigstens für normal hörende Erwachsene.

Wie verhält sich nun zu dieser Thatsache die gesonderte Perception der Schwebungen?

Wenn ein beliebiges anhaltendes Geräusch, ein Klang oder ein Ton, periodisch 1, 2, 3, 4mal in der Secunde unterbrochen wird, so hört man deutlich die Intermittenzen wie Schwebungen. Also besitzt das Trommelfell mit seinen Annexen, wenn es bereits in gleichmässiger schwingender Bewegung sich befindet, das Vermögen, 1, 2, 3, 4 periodische Aenderungen seiner Bewegung in der Secunde gesondert zur Empfindung zu bringen. Aber es wäre falsch, zu behaupten, dass das ruhende Ohr, wenn 1, 2, 3, 4 noch so starke pendelartige Luftschwingungen aufes wirken, gleichfalls eben so viele Schwebungsempfindungen herbeiführe. Wäre die Behauptung richtig, so müsste auch diese periodische Aenderung eine Aenderung der Empfindung des ruhenden Trommelfells, d. h. der Empfindung der Stille, hervorrufen, was nicht der Fall ist. Vielmehr wird erst bei grösserer Zahl die Stille unterbrochen. Weniger als 14 pendelartige Schwingungen gelangen nicht, wie oft angegeben wird, gesondert zum Bewusstsein, sonder sie gelangen garnicht zum Bewusstsein, es sei denn als Tastempfindungen. Die 1, 2, 3 . . . 14 Schwebungen werden aber vom Hörorgan wahrgenommen und zwar getrennt. Also erscheint die Perception von Schwebungen zunächst als etwas von der Perception pendelartiger Schwingungen total Verschiedenes.

Beim Hören der 1, 2, 3, 4...14 Schwebungen schwingt das Trommelfell, welches bereits in regelmässigen Schwingungen begriffen ist, periodisch stärker und schwächer. Die continuirliche Empfindung wird dem entsprechend abwechselnd stark und schwach. Mag dagegen bei 1, 2, 3 . . . 14 pendelartigen Schwingungen das ruhende Trommelfell mitschwingen oder nicht, eine Tonempfindung ist dabei nicht vorhanden. Man kann also nicht die Schwingungszahl des tiefsten Tones finden, wenn man nur ermittelt, bei welcher Anzahl die Schwebungen ihre Discontinuität verlieren, oder wie oft ein Ton unterbrochen werden muss, bis die Unterbrechungen unmerklich werden; die tiefsten Stimmgabeltöne und Zungentöne sind vielmehr selbst nicht ganz continuirlich, sondern eigenthümlich summend. Dieses Verfahren ist schon darum fehlerhaft, weil der gesuchte Grenzwerth verschieden ausfällt je nach der absoluten Tonhöhe. Sucht man festzustellen, wie oft und wie lange ein Ton unterbrochen werden kann, ohne seine Continuität zu verlieren, so findet man bei hohen Tönen die Zahl der erforderlichen Intermissionen viel grösser, ihre Dauer kürzer als bei tiefen. Auch ist die Intensität der primären Töne dabei mit maassgebend. Je tiefer und lauter ein Ton ist, um so mangelhafter ist seine Dämpfung im Ohr, um so grösser die Dauer der Nachempfindung, also um so kleiner die Zahl, um so grösser die Dauer der Unterbrechungen, welche die Continuität der Empfindung eben nicht stören.

Ich stellte die Versuche so an, dass zwischen die Tonquelle und das eine Ohr — das andere wird verstopft — ein mit willkürlich veränderlicher Geschwindigkeit rotirender Schirm, der einen willkürlich veränderlichen Ausschnitt hat, sich befindet, und fand sehr grosse Unterschiede je nach der Tonhöhe, wie zu erwarten war. Man kann also durch Zählung der nicht mehr im Mindesten discontinuirlich empfundenen Intermissionen für ein Tonpaar oder éinen Ton, nichts allgemein für alle Tonpaare Gültiges feststellen, am wenigsten die Höhe des tiefsten Tones.

Ueberhaupt ist diese ganze Fragestellung unrichtig. Wenn man von den tiefsten Tönen anfangend stufenweise in kleinen Intervallen, etwa von 2 oder 4 Schwingungen, aufsteigt, so ist nirgends zu sagen: hier wird der Ton continuirlich; vielmehr findet die ganze Tonreihe hindurch von der Schwingungszahl 20 an bis über 300 hinaus, eine merkliche Zunahme der Glätte in der Empfindung statt, ohne dass eine so weitgehende Discontinuität wie bei den Schwebungen überhaupt vorkommen kann. Bei den Tönen ist die kleinste Zahl der empfindbaren Schwingungen grösser als 15 bis 23 und diese werden zu éinem Eindruck verschmolzen, bei den Schwebungen die Zahl der empfindbaren Unterbrechungen eines Tones, z. B. 1, 2, 3, und mehr, und diese werden nicht verschmolzen. Im ersten Falle, bei 15 bis 23, ist sogleich durch Verschmelzung der Luftstösse ein tiefer summender Ton da, ein Tetanus, aber ein unvollkommener Tetanus[1]), im zweiten dagegen eine Unterbrechung des vollkommenen Tetanus. Aber es muss nothwendig die Fusion der Schwebungen, weil sie periodische Aenderungen der Trommelfellschwingungen bedingen, ganz unabhängig von den absoluten Schwingungszahlen des schwebenden Tonpaares, da merklich zu werden beginnen, wo die Zahl derselben der des tiefsten Tones sich nähert, d. h. zwischen 16 und 32, weil diese periodische Aenderung der Trommelfellspannung auch bei pendelartigen Schwingungen eine Tonempfindung zur Folge hat. Und in diesem Sinne ist allerdings das Studium der Schwebungen für die Ermittelung der unteren Tongrenze von Bedeutung. Man muss nur nicht fragen: wo hört die Discontinuität auf? sondern: wo fangen die Stösse an sich eben zu verschmelzen? Man muss, wenn meine vorhin mitgetheilten Beobachtungen richtig sind, bei gehöriger Aufmerksamkeit in jeder Tonlage bei 24 bis 32 Schwebungen deutlich einen sehr tiefen summenden Ton hören, nicht aber bei weniger als 15

[1]) Preyer: Ueber die Grenzen des Empfindungsvermögens und des Willens. Bonn, Marcus 1868. S. 22.

Schwebungen. Dass dieses wirklich der Fall ist, davon kann sich leicht überzeugen, wer im Hören der Combinationstöne geübt ist. Ich höre deutlich noch den Differenzton von 24, aber bei 18 bin ich zweifelhaft und bei 12 ist von beginnender Verschmelzung keine Spur zu bemerken. Am Appunn'schen Tonmesser hat man sehr deutlich, von 4 zu 8 zu 12 zu 16, 20, 24, 28 u. s. w. Schwebungen in der Secunde aufsteigend, plötzlich eine Continuität in der Empfindung bei 20, und diese Continuität bleibt bei allen folgenden Consonanzen und Dissonanzen durchhörbar, trotz des intermittirenden Charakters der ganzen Klangempfindung. Dass dieselbe erst bei mehr als 18 Schwebungen deutlich wird, ist darum beachtenswerth, weil dadurch die vorhin gefundene unterste Tongrenze befestigt wird. Und der Umstand, dass der Combinationston sich gleich bleibt, mag nun der eine Ton 100 oder 500 oder 1000 Schwingungen machen, während der andere etwa 24 oder 32 mehr macht, berechtigt, auf Grund der Helmholtz'schen Theorie über das Mitschwingen im Ohre, zu der Ansicht, dass im Ohre besondere mitschwingende Theile vorhanden sind, welche schon auf 24 Schwingungen mit Tetanus reagiren, andere für 32 und weiter. Nun finde ich aber, dass man bei Metallzungen von weniger als 16 Unterschied, z. B. zwei Zungen von 500 und 512 gleichfalls unter günstigen Umständen einen sehr tiefen Ton hört. Diese Beobachtung überraschte mich, als ich sie zuerst machte, weil bei 12 pendelartigen Schwingungen schlechterdings keine Tonempfindung zu Stande kommt. Ich fand aber bald, dass jener tiefe Ton offenbar nichts Anderes, als der Combinationston der beiden ersten Obertöne (1000 und 1024) jenes Tonpaares ist. Er wurde auch von Anderen vernommen, die ich speciell darauf aufmerksam machte, und sogar leichter als der mit ihm identische Ton von den zwei Zungen 1000 nnd 1024. Ueberhaupt ist der letztere schwer wahrnehmbar; der von 32 aber ebenso bei 1024 und 992 wie in tieferen Lagen sofort zu erkennen.

Es kann somit nicht bezweifelt werden, dass die tiefsten Töne ebensowohl durch pendelartige Schwingungen des vorher ruhenden Trommelfells, wie durch Schwebungen des bereits schwingenden zu Stande kommen, wenn in beiden Fällen die Zahl der Intermissionen mehr als 15 bis 23 — je nach der Individualität — beträgt. Die Empfindung des reinen Tones von 24 Schwingungen ist identisch mit der Empfindung von 24 Schwebungen zweier hohen Töne, wenn man sich die letzteren fortdenkt. Die beste Illustration dazu liefert der Muskelton des *Tensor tympani.*

Ich bin im Stande, diesen Muskel willkürlich zu contrahiren, und zwar ohne irgend einen anderen Muskel zusammenzuziehen [1], aber nur in beiden Ohren gleichzeitig. Ich fühle und höre bei der Entspannung häufig im linken Ohre einen leisen Ruck, wie wenn das Trommelfell seine Spannung geändert hätte und zu der normalen Spannung zurückkehrte. Diese Empfindung ist verschieden von dem Knacken, welches ich im Ohre beim Schlucken höre und das wohl der *Tuba Eustachi* allein zugehört. Spanne ich den *Tensor* an, so wird das Gehör für alle tiefen Töne bei mir unterempfindlich, sei es durch die Spannung des Trommelfells, sei es durch das starke entotische Geräusch, welches damit verbunden ist. Der Ton, welchen ich in diesem während des willkürlichen Tetanus des *Tensor* sehr deutlich höre, ist genau derselbe wie der in beiden Ohren beim Gähnen entstehende, und da Politzer nachwies, dass dieser der Muskelton des *Tensor* [2] ist, was Helmholtz [3] bestätigte, so ist kein Zweifel, dass ich diesen tiefen Ton durch willkürliche Contraction des Trommelfellspanners in beiden Ohren entstehen lasse. Der Ton weicht aber darin von anderen tiefsten Tönen ab, dass er nicht genau periodisch ist und dass das durch das brausende Geräusch deutlich durchhörbare ganz tiefe Schwirren auch aus ungleich starken Schwingungen sich zusammensetzt. Nichtsdestoweniger kann man der Empfindung den Charakter eines Brummtones nicht absprechen, denn sie lässt sich mit der tiefster reiner Töne vergleichen. Ich bin nun bei solcher Vergleichung zu dem bestimmten Resultat gelangt, dass die Schwingungszahl des Muskeltons meines *Tensor tympani* jedenfalls geringer als 24 ist, und finde den Ton von 18 bis 21 pendelartigen Schwingungen ihm am ähnlichsten. Nur ist der letztere dem Summen wie der Stärke nach gleichmässig und darum angenehmer, die Empfindung reiner oder glatter. Es ist mir völlig unmöglich, die Höhe des Muskeltons zu ändern, nur die Stärke wächst mit dem Wachsen des Willensimpulses. Wenn ich nun abwechselnd den Tensor contrahire und zwei Töne

---

[1] Vgl. A. Lucae in der Berliner klinischen Wochenschrift 1874, N. 16, und Politzer im Arch. f. Ohrenheilkunde 4. Bd., S. 25. Würzburg 1868.

[2] L. c. S. 23, 24, 27.

[3] In seiner Abhandlung über die Mechanik der Gehörknöchelchen und des Trommelfells. Bonn 1866, S. 34.

schweben lasse von der Schwingungsdifferenz 16 bis 24, so höre ich häufig einen dumpfen tiefen Ton von der Höhe des Muskeltons, kann demnach an der Identität des Vorgangs im Ohre beim Hören tiefster Töne von 16 bis 24 pendelartigen Schwingungen und beim Hören der 16 bis 24 Schwebungen, sowie beim Hören des Tensortones nicht zweifeln. Dass man die Töne anderer Kopfmuskeln gewöhnlich nicht hört, z. B. der Gesichtsmuskeln, liegt wahrscheinlich weniger daran, dass ihre Schwingungszahlen noch weniger als 16 betragen, als dass sie zu schwach sind, da sie unter Wasser gehört werden.[1]

Man kann auch bei einiger Aufmerksamkeit sehr tiefe Muskeltöne, jedenfalls unter 28, hören, wenn in lautloser Umgebung beide Ohren mit der Hohlhand jederseits verschlossen gehalten werden, während die Ellenbogen des Sitzenden auf den Tisch gestemmt sind. Man hört dann die tiefsten Töne manchmal sehr deutlich als ein Brummen. Oft will es freilich nicht gelingen sie anhaltend zu fixiren.

Uebrigens ist durch einen merkwürdigen Zufall die für meinen Tensorton approximativ ermittelte Schwingungszahl dieselbe, welche Helmholtz[2] für den Froschmuskel fand, nämlich 18 bis 20. Er glaubte aber nicht die 19 Schwingungen zu hören, sondern die Octave, was bei mir durchaus nicht der Fall ist. Mein Tensorton ist sehr nahe der tiefste für mich überhaupt hörbare Ton und viel tiefer als der durch Anblasen des äusseren Gehörgangs mittelst eines leisen Luftstroms erzeugte, welchen Helmholtz der Tonhöhe des Muskelgeräusches gleich fand.

---

[1]) Schmiedekam: Experimentelle Studien zur Physiologie des Gehörorgans. Inauguraldiss. Kiel 1868. S. 16. Der contrahirte Daumenballen gab aber nur 12 bis 13 Schwingungen. S. 24. Ich finde für meinen durch den Willen gespannten Daumenballen nach der graphischen Methode gleichfalls zwölf Schwingungen in der Secunde, so dass hier höchstens der 1. Oberton hörbar sein kann.

[2]) Die Quellenangaben in meiner Schrift: Ueber die Grenzen des Empfindungsvermögens und des Willens. Bonn 1868. S. 16 bis 20.

II.

Die höchsten Töne.

Die obere Tongrenze konnte in früheren Zeiten nicht gefunden werden, weil es an Mitteln fehlte, reine starke Töne von grosser Höhe herzustellen. Die vorhandenen Angaben über die Schwingungszahlen der höchsten Töne gehen weit auseinander.

Sauveur [1]) nahm an 6400, indem er die Länge der Pfeife ($^{15}/_{16}$) Zoll, die ihm den höchsten Ton gab, 64 mal so klein wie die Länge der Pfeife seines fixen Tones von 100 Schwingungen setzte.

Chladni [2]) vermuthet die Genze beim c^{VI} von 8192 Schwingungen, welches kaum noch werde können deutlich hervorgebracht und unterschieden werden; ebenso Biot [3]) bei 8192, entsprechend einer Orgelpfeife von 9 Linien.

Wollaston [4]) fand für sich selbst die Grenze bei dem Tone einer Pfeife von $^1/_4$ Zoll Länge, welcher nicht viel abweichen könne von „der sechsten Octave des *e* in der Mitte des Pianoforte". Dies ergibt für den höchsten Ton zwischen 20000 und 25000 Schwingungen, wozu auch die weitere Angabe passt, dass er 600 bis 700 mal so viel Schwingungen wie die tiefsten Töne der Orgel ausführt. Aber Wollaston fand grosse individuelle Verschiedenheiten bezüglich der oberen Tongrenze; denn Einige hörten nicht das Zirpen der Grille, nicht den durchdringenden höchsten Ton der Fledermausstimme und nicht das hohe Gezwitscher des Sperlings, während Andere ihm unhörbares höheres Grillenzirpen hörten. Das Sperlingsgezwitscher setzt Wollaston etwa 4 Octaven über das *e* in der Mitte des Pianoforte, also zu

[1]) L. c. S. 190.

[2]) L. c. S. 34.

[3]) L. c. S. 21.

[4]) L. c. S. 312.

mehr als 5000, das der Fledermaus eine Octave höher und den Schrillton einiger Insecten noch eine Octave höher. Er meint, eine andere Grillen-Art als *Gryllus campestris*, deren Ton ihm bekannt war, reiche noch über die sechste Octave des erwähnten *e*, also über 20000 hinaus. Alle diese Angaben beruhen aber nur auf vagen Schätzungen.

Genauere Bestimmungen gab Savart.[1]) Mittelst seines Zahnrades, dessen Zähne an eine Karte anschlugen, erzeugte er Töne von etwa 24000 Schwingungen, die er deutlich hörte. Andere Versuche wurden von ihm mit Stäben angestellt. Die meisten Personen, welche denselben beiwohnten, hörten den Ton eines 159 Millim. langen, 3 Millim. dicken Glasstabes von 15500, nur einige den eines dünneren von 150 Millim. mit 16500 Schwingungen. Stahlstäbe lieferten ihm als Grenzwerth 15000 bis 16000, Pfeifen 10000.

Despretz[2]) liess sich sehr kleine Stimmgabeln anfertigen, die folgenden Tönen entsprochen haben müssen:

$c^{IV} = ut_6$	mit	2048	Schwingungen
$c^{V} = ut_7$	„	4096	„
$c^{VI} = ut_8$	„	8192	„
$c^{VII} = ut_9$	„	16384	„
$c^{VIII} = ut_{10}$	„	32768	„

da ausdrücklich angegeben ist, das grosse C (ut_1) habe 64 in einer Secunde. Nun fand Despretz, dass bei einiger Uebung und Gewohnheit das Ohr noch alle diese successiven Octaven vernimmt, und dass viele Personen sie gut hörten und fürOctaven hielten, ja sogar die Intervalle der Tonleiter zwischen c^{VI} und c^{VII} wurden gehört und durch lange und mühsame Arbeit genau erkannt, aber das fortgesetzte Hören der hohen Töne veranlasste heftige Kopfschmerzen; auch geschah angeblich das Hören der sehr hohen Töne langsam. Und über 36864 entsprechend dem d^{VIII} liess sich kein Ton mehr herstellen. Ein f^{VIII} liess sich durch Verkürzung der Gabeln nicht erreichen. Bei e^{VIII} wurden sie tonlos.

Niemand hatte seitdem bis jetzt so hohe Töne wie den letzterwähnten (d^{VIII}) wieder wahrnehmbar machen können.

An der grossen Appunnschen Sirene, einer kreisrunden Zinkplatte, an deren Peripherie 1024 Löcher gebohrt sind, und die, während sie schnell rotirt, angeblasen wird, höre ich

---

[1]) Poggend. Ann. 1830. 20. Bd. S. 292–295.

[2]) L. c. p. 1217.

bei etwa 24000 Unterbrechungen des Luftstroms in der Secunde neben dem Reibungsgeräusch der Luft bei grosser Aufmerksamkeit einen ganz leisen sehr hohen Ton. Viele aber hören nur das Blasen. Bei geringerer Löcherzahl werden Töne von mehr als 16000 vollkommen deutlich und diese sind nicht unangenehm.

Anders fiel das Resultat aus, als die bekannten Stahlstäbe von Rudolph König in Paris geprüft wurden.

Es ergab sich:

Stab	Ton	Frequenz	Empfindung
1	ut_7	4096	keineswegs unangenehmer Ton;
2	mi_7	5120	nicht unangenehme, wenigstens nicht schneidende Töne;
3	sol_7	6144	
4	ut_8	8192	
5	mi_8	10240	unangenehm schneidender Ton;
6	sol_8	12288	sehr unangenehmer Ton;
7	ut_9	16384	schmerzhafter Ton;
8	mi_9	20480	sehr leiser hoher kurzer Ton;
9	sol_9	24576	kein deutlicher Ton, nur ein Klirren;
10	ut_{10}	32768	keine Tonempfindung, das Ohr aber angegriffen.

Bezüglich des ut_{10} ist zu bemerken, dass zwar Alle, denen ich dasselbe hörbar zu machen versuchte, ausser éinem und mir selbst, auf das Bestimmteste erklärten, garnichts zu empfinden, und die Meisten sogar ut_{10} und sol_9 und mi_9 für vollkommen gleich unempfindbar erklärten, aber ich selbst und ein anderer Beobachter der Ansicht sind, bei gehörig starkem Anschlag werde doch auch ut_{10} noch gehört werden können als ein wahrer Ton, denn ich fühle einen Moment, dass das Ohr angegriffen wird.

Diese unangenehme Empfindung ist stärker bei 24000. Bei 20480 hören schon Viele einen sehr kurzen leisen hohen Ton. Schmerzhaft ist für mich namentlich der Ton ut_9, der vielen anderen nicht so stark zu sein scheint. Mehrere ältere Personen hören hierbei nichts mehr. Ja schon sol_8 war einem sonst scharfhörenden 20jährigen Studirenden schwer hörbar.

Weiter als mit den Stäben, deren Töne nicht laut genug sind, kommt man mit kleinsten Stimmgabeln. Herr Appunn ging bei Anfertigung derselben davon aus, dass, um die höchsten Töne unterscheiden zu können, eine Tonleiter von einem musikalisch wohl vernehmbaren Ton an, dessen Höhe Jedem erkennbar und verständlich ist, construirt werden muss. So hat er eine aus 31 Stimmgabeln bestehende diatonische C-durtonleiter durch $4^{1}/_{4}$ Octaven von c^{IV} bis e^{VIII} hergestellt. Innerhalb der ganzen Reihe lassen sich sehr deutliche Differenztöne erzeugen, und dadurch wird die Richtigkeit der Tonhöhen der Gabeln bewiesen, die hier folgen:

Gabel	Note	Schwingungen	Gabel	Note	Schwingungen
1	c^{IV}	2048	17	e^{VI}	10240
2	d^{IV}	2304	18	f^{VI}	$10922^{2}/_{3}$
3	e^{IV}	2560	19	g^{VI}	12288
4	f^{IV}	$2730^{2}/_{3}$	20	a^{VI}	$13653^{1}/_{3}$
5	g^{IV}	3072	21	h^{VI}	15360
6	a^{IV}	$3413^{1}/_{3}$	22	c^{VII}	16384
7	h^{IV}	3840	23	d^{VII}	18432
8	c^{V}	4096	24	e^{VII}	20480
9	d^{V}	4608	25	f^{VII}	$21845^{1}/_{3}$
10	e^{V}	5120	26	g^{VI}	24576
11	f^{V}	$5461^{1}/_{3}$	27	a^{VII}	$27306^{2}/_{3}$
12	g^{V}	6144	28	h^{VII}	30720
13	a^{V}	$6826^{2}/_{3}$	29	c^{VIII}	32768
14	h^{V}	7680	30	d^{VIII}	36864
15	c^{VI}	8192	31	e^{VIII}	40960
16	d^{VI}	9216			

Diese letzte Gabel ist nur 13 Millim. lang, 14 breit, und ihre Zinken sind 3 Millimeter dick.

Ich und mehrere Andere haben alle 31 Töne oft gehört, und, wenn sie von c^{IV} an der Reihe nach erklingen, vollkommen deutlich erkannt, dass sie bis zum e^{VIII} immer höher werden. Bis zum c^{VII} hört man auch ohne Schwierigkeit die Tonleiter. Die 7 und 8gestrichenen Töne sind zwar in der Nähe sehr schmerzhaft; man erkennt jedoch, dass sie immer höher werden und hört auch sehr gut bis e^{VIII} die Octaven. Gute Beobachter lassen sich in Betreff dieses éinen Intervalls durch Vexirversuche nicht beirren. Die Quinten sind aber sehr unsicher zu erkennen. Einzeln gehört verlieren überhaupt die höchsten Töne ihren musikalischen Charakter völlig. Sie bewirken, wenn in der Nähe die Gabeln stark angestrichen werden, das Gefühl, wie wenn in das Ohr mit einer sehr feinen Nadel gestochen würde. In der Nähe veranlassen sie bei Vielen auch andere eigenthümlich unangenehme Empfindungen. Ein Hörer meinte ein Gefühl zu haben, wie wenn ihm beiderseits ein Bindfaden durch die Wangen am Unterkiefer von den Ohren zum Kinn gezogen würde; ein anderer fand schon e^{VII}, das vielen älteren Personen unhörbar ist, sehr leise, und das Gehörte identisch mit dem Geräusch, welches er wahrnimmt, wenn man mit der

Hand durch Hafer fährt, und dieses Geräusch ist ihm das unangenehmste von allen. Mir selbst schien, als ich zum ersten Mal die höchsten Töne von e^{VII} an hörte, das Trommelfell in beiden Ohren plötzlich stark nach innen gezogen zu werden; es entstand ein Gefühl im Kopf, wie wenn von beiden Ohren bis in die Mitte, etwas nach oben, eine sehr dünne Schnur oder ein Draht gezogen würde. Ich habe jedesmal vom h^{VI} an, wenn die Gabeln stark angestrichen werden, einen überaus lebhaften Schmerz im Ohr und Hautgefühle im Rücken. Anhaltende Beschäftigung mit den höchsten Tönen verursacht auch leicht Kopfschmerzen. Ich habe jedoch nicht gefunden, dass das Hören derselben langsamer geschieht, als das anderer Töne, sondern nur die Beurtheilung der Höhe dauert länger. In 6 Meter Entfernung fehlen diese lästigen Nebenwirkungen völlig. Ich höre dann alle Töne, bis e^{VIII} einschliesslich, sehr rein, und sie sind nicht unangenehm. Die Töne der Gabeln c^{IV} bis c^{VI} sind auch in der Nähe silberhell und von überraschendem Wohlklang. Es kommt überhaupt in Betreff des letzteren viel auf die Stärke der Töne an. Nur wenn sie stark angestrichen werden, bewirken die kleinen Gabeln schmerzhafte Empfindungen im Ohr. Ihr Stiel darf nicht befestigt sein, sondern muss lose in einem dicken nachgiebigen Ring, am besten von Kautschuk, stecken. Sind die Stiele fest, dann versagen die Gabeln. Das Stimmen ist überaus langwierig und erfordert eine grosse Anzahl von Gabeln. Da es aber in den grössten Höhen auf einige Schwingungen mehr oder weniger zunächst nicht ankommt, so wurden die Differenztöne zum Stimmen benutzt. Zu bemerken ist übrigens, dass c^{V} von einer kleinen Metallzunge erzeugt, wie ich finde und vielen guten Beobachtern demonstrirte, in der Intensität und Klangfarbe so vollkommen dem Gabel-c^{V} gleich klingt, dass weder die geringste Rauhigkeit, noch überhaupt irgend ein Unterschied beider Töne hörbar bleibt. Niemand unterscheidet, ob die Zunge oder die Gabel tönt. Bei den höchsten Zungentönen geht offenbar der Klangcharakter darum verloren, weil die Obertöne unhörbar hoch und leise werden; es bleibt nur der Grundton hörbar, den die Gabel schon ohne Obertöne gibt, daher diese überraschende Uebereinstimmung für das Ohr. Gerade das umgekehrte Verhalten ist bei den tiefsten Tönen zu beobachten, wie vorhin bemerkt wurde. Da sind die Obertöne so laut, dass der Grundton garnicht ohne besondere Kunstgriffe gehört werden kann, und darum klingt z. B. ein

Zungenton von 28 ganzen Schwingungen neben dem Stimmgabelton derselben Frequenz dröhnend knarrend unangenehm, so lange die Obertöne nicht beseitigt werden. Geschieht dieses, so ist der Charakter des übrigbleiblenden Grundtons von dem der Gabel nicht zu unterscheiden, ebensowenig wie der Zungenton von 4096 vom Stimmgabelton gleicher Schwingungsfrequenz.

Uebrigens ist bemerkenswerth, dass sehr häufig kleine Stimmgabeln dieser und höherer Schwingungszahlen, durchaus correct angefertigt, völlig tonlos bleiben, wahrscheinlich wegen ungleichmässiger Structur des Eisens. Es müssen daher viele als werthlos fortgeworfen werden. Hierin liegt eine Schwierigkeit für die Technik, welche bei allen Versuchen, höhere Stimmgabeltöne als 40000 hervorzubringen, sich in hohem Maasse geltend machen wird. Es ist zu verwundern, dass Marloye (in Paris), der Techniker Despretz's, nichts erwähnt von dieser grossen technischen Schwierigkeit und der mühseligen Arbeit des Stimmens, welche nun Hr. Heinrich Appunn in vorzüglichster Weise ausführte. Despretz bemerkt ausdrücklich, er habe ein d^{VIII} mit 36850 Schwingungen, nicht aber e^{VIII} hören können. Diese bisherige äusserste Tongrenze ist jetzt durch Appunns Bemühungen um einen ganzen Ton erweitert. Man kann jedoch nicht behaupten, es sei unmöglich, noch höhere Töne hervorzurufen, weil die e^{VIII}-Gabel bei weiterer Verkürzung tonlos wird. Denn ob sie nach der Verkürzung überhaupt noch in Schwingungen, und zwar genügend starke Schwingungen geräth, muss nachgewiesen werden, bevor man den Schluss zieht, dass das Ohr versagt. Ich glaube auch, dass es durch Feilen der e^{VIII}-Gabel gelingen wird noch etwas höher zu kommen. Indessen, wahrscheinlich ist es nicht, dass noch viel höhere Töne vom menschlichen Ohre percipirt werden können, weil für viele Normalhörende die Grenze erreicht ist.

Im Ganzen ergibt sich aus sämmtlichen guten Bestimmungen der oberen Tongrenze, dass sie für verschiedene Individuen sehr verschieden ausfällt. Für Intensitätsunterschiede und Tonhöhen innerhalb des Gebiets der Musik normal empfindliche Ohren erweisen sich als unterempfindlich oder taub für Töne von 16000, von 12000 und weniger Schwingungen, während andere bei 20000 bis über 40000 lebhaften Schmerz empfinden und eine deutliche Tonempfindung haben. Diese Grenze wird aber nicht leicht überschritten. Es ist keine leichte Aufgabe der Technik, die Stimmgabeln noch kleiner herzustellen, um dann zu erfahren, ob die höchsten Töne noch über 40960 hinaus liegen.

Es wird auch schwer sein, ein anderes zuverlässiges Mittel zur Hervorbringung so hoher Töne in genügender Stärke zu finden. Die höchsten Töne der Fledermaus, welche ich oft belauschte, erreichen nach meinem Dafürhalten bei weitem nicht das c^{VII} von etwa 16400, denn so laut und durchdringend schmerzhaft diese Töne auch sind, sie bewirken doch nicht so starke Gefühle in der Rückenhaut wie der Gabelton c^{VII}, dessen Wirkung vielleicht deshalb so stark ist, weil sich stehende Wellen im äusseren Gehörgange bilden. Denn die Länge des letzteren beträgt beim erwachsenen Menschen im Durchschnitt 24 Millim. [1]) wovon 8 auf den knorpeligen, 16 auf den knöchernen Canal kommen.

Die Schrilltöne der Grillen sind von sehr ungleicher Höhe und Stärke. Landois [2]) fand den Grundton beim Heimchen gleich e^{II} und f^{II}, mit 660 und 704 Schwingungen. Hier würde demnach erst der 5. Oberton dem c^{V} nahekommen. Aber jener Ton wird sehr laut bis zu 200 mal in der Minute erzeugt, daher das Schrille. Es kann also die Unterempfindlichkeit mancher Ohren für das Grillenzirpen kaum auf mangelndem Vermögen, die Tonhöhe zu percipiren, beruhen, sondern eher auf der Abnahme der Intensität durch die Entfernung der Thiere vom Gehörorgan. [3]) Mir scheint übrigens ein gewisses Zirpen der Feldgrille höher zu sein als das c^{V}. Es lässt sich täuschend nachahmen, wenn man zwei Zungenklänge von 1000 und 1016 schweben lässt und in einer Entfernung von einigen Metern auf die Obertöne achtet. Bei Käfern fand Landois viel höhere, aber auch leisere Stridulationstöne, als bei dem Heimchen, so beim männlichen Moschusbock das cis^{IV} von mehr als 2100 Schwingungen als Grundton.

Die Stimmen der kleinsten Säugethiere und Vögel können unzweifelhaft weiter reichen. Wenigstens ist das Quieken der Spitzmaus und manchmal auch ein Pfiff eines der kleinsten Singvögel schon schmerzhaft, was Töne von weniger als 10000 Schwingungen und gleicher Intensität nicht zu sein pflegen. Ausser der Zwergspitzmaus haben wohl von Warmblütern junge Mäuse und Kolibris die kleinsten Kehlköpfe. Ich fand die

---

[1]) A. F. v. Tröltsch, Anatomie des Ohres, Würzburg 1861, S. 3 u. 5.

[2]) Thierstimmen. Freiburg 1874, S. 52. 143.

[3]) Poggend. Ann. 150. Bd. S. 574, 1873.

Stimme der ersteren einen Tag nach der Geburt sehr schwach und auch das hohe Piepsen später zu selten, um es mit anderen hohen Tönen vergleichen zu können. Ueber die Stimme der Kolibris melden zwei Beobachter[1]) übereinstimmend, dass sie sehr hoch und laut sein kann, ohne aber die Tonhöhe näher zu bezeichnen. Von künstlich erzeugten hohen Tönen ist vielleicht der Pfiff der Eisenbahnlocomotive der stärkste und es lohnt wohl die Mühe, denselben auf seine Tonhöhe zu prüfen, mit Rücksicht namentlich darauf, wie hoch er *in maximo* werden kann, und den Dampfstrahl zur Erzeugung noch höherer Töne in geeigneter Weise zu verwenden. Denn es ist nicht wahrscheinlich, dass in der Natur die Töne der 8-gestrichenen Octave in genügender Stärke und Reinheit, um gehört zu werden, oft vorkommen, weil die Mitempfindungen, welche sie bedingen, sonst schon früher beobachtet worden wären.

[1]) In J. J. Audubon's Werk „The birds of America from drawings made in the United States" etc. New-York, Vol. IV, p. 200 schreibt ein Beobachter, Namens Nuttall, nach Erwähnung des „squeaking", von dem erzürnten männlichen Kolibri „uttering a curious reverberating sharp bleat, somewhat similar to the quivering twang of a dead twig, yet also so much like the real bleat of some small quadruped, that for some time I searched the ground instead of the air, for the actor in the scene... The angry hissing or bleating note seems something like wht't't't sh vee, tremulously uttered as it whirls and sweeps through the air, like a musket-ball, accompanied also by something like the whirr of the Night-hawk." Ein anderer Namens Townsend schreibt (ebenda p. 201): „During the descent it emits a strange and astonishingly loud note, which can be compared to nothing but the rubbing together of the limbs of trees during a high wind. I heard this singular note repeatedly last spring and summer, but did not then discover to what it belonged. I did not suppose it to be a bird at all, and least of all a Humming-bird. The observer thinks it almost impossible that so small a creature can be capable of producing so much sound." Also können die kleinsten Vögel sehr hohe und laute Töne hervorbringen.

III.

Die Unterschiedsempfindlichkeit für Tonhöhen.

Ueber die kleinste eben noch wahrnehmbare Differenz der Höhe zweier nacheinander erklingender gleich lauter Töne liegen nur wenige vereinzelte Angaben vor.

Delezenne[1]) fand, dass bei Anwendung einer durch einen Steg in zwei Theile getheilten metallenen Saite, deren Ton 60 ganze Schwingungen zählte, und die eine Länge von 1147 Millim. hatte, wenn beide Theile nacheinander ertönten, und der Steg 1 Millim. von der genauen Mitte entfernt war, nur sehr geübte Ohren einen Unterschied merkten.

Das Verhältniss der beiden Saitenlängen oder das Schwingungsverhältniss betrug dann $^{1149}/_{1145}$. Irriger Weise schliesst Delezenne hieraus, man könne 4 Schwingungen auf 1149 (also 2 auf 574,5) unterscheiden, und wundert sich über solche Empfindlichkeit des Ohres, welche doch in Wahrheit viel weiter reicht. Eine einfache Rechnung lehrt, da der Draht von $^{1147}/_2$ Millim. 120 Schwingungen ausführte, dass von den beiden — übrigens nicht intensiven — Tönen der eine 119,791 der andere 120,209 ganze Schwingungen in der Secunde gab, also wurden factisch 0,418 Schwingungen auf 119,791 unterschieden, was (für diese tiefe Lage) eine Empfindlichkeit für Tonhöhenunterschiede von 286 oder den eben erkennbaren Bruchtheil der Schwingungsfrequenz 0,00349 ergibt. Hiermit ist aber nichts ausgesagt über die Empfindlichkeit für Töne von 1145 und 1149 Schwingungen. Der Quotient besagt nur, dass die empfindlichsten Ohren hören, dass eine Saite von 574,5 Millim. einen tieferen oder wenigstens einen anderen Ton gibt, als eine von 572,5 Millim., alles Uebrige gleich gedacht. War unter gleichen

[1]) Im *Recueil des travaux de lasociété des sciences, de l'agriculture et des arts de Lille, Année* 1826. Lille 1827. S. 1–6.

Umständen die eine Saite 577,5, die andere 569,5 Millim. lang, so erkannten auch Solche, die niemals Tonhöhen genau verglichen hatten, den Unterschied. Diese merkten aber nicht, wie Delezenne meint, 8 Schwingungen auf 1151, sondern, 0,8 auf 119,58, d. h. sie erkannten 0,007 als Bruchtheil der Schwingungszahl in dieser Lage, entsprechend der Empfindlichkeit 142. Auch hier wurden die zwei Töne nacheinander gehört.

Wilhelm Weber [1]) konnte durch das Ohr allein unmittelbar die Töne so genau bestimmen, dass der Fehler auf 200 Schwingungen in der Secunde nie mehr als eine Schwingung betrug. Dies gibt das Verhältniss 1,0050, die Empfindlichkeit 200. Er bemerkt ferner, ein geübtes Ohr könne selbst die Wirkung éiner Schwingung zu 1000 noch unterscheiden; aber es geht aus der Darlegung hervor, dass hierbei die Unterscheidung mittelst der Schwebungen ermöglicht wurde.

Die erstere Angabe erscheint auffallend im Vergleich zu der von Sauveur [2]), welcher von 2 unisonen Monochordsaiten die eine um $^1/_{2000}$ ihrer Länge verkürzte und den Tonunterschied sofort wahrnahm. Vielleicht aber kam hier eine Aenderung der Spannung hinzu. Scheibler [3]) unterschied nach dem Gehör nicht eine halbe Doppelschwingung auf das b der ungestrichenen Octave, also nicht $^1/_{230}$.

A. Seebeck [4]) fand, als er die Töne mehrerer Stimmgabeln nach dem Monochord zu bestimmen suchte, dass bei einer Länge der Saite von 12,750 Zoll die einzelnen Messungen nicht über 0,015 Zoll, also nur um $^1/_{850}$ differirten. Er schätzt aber den erkennbaren Bruchtheil auf ungefähr $^1/_{1000}$, „eine Schwingung auf 1000", ohne jedoch die absoluten Schwingungszahlen anzugeben, für welche diese Bestimmungen gelten. Ferner bemerkte Seebeck — und mit ihm zwei vorzügliche Violinspieler — jedesmal mit Sicherheit einen Unterschied der Tonhöhe zweier Stimmgabeln, von denen die eine 1209, die andere 1210 Schwingungen in 2,75 Secunden gab. Die Zahlen wurden hierbei durch Zählung der Stösse ermittelt (einer in $2^3/_4$ Secunden), und es wird ausdrücklich hervorgehoben, es sei nicht im Mindesten zweifelhaft gewesen, welcher Ton der tiefere von

[1]) Poggend. Ann. 1828. Bd. 14. S. 398.

[2]) L. c. Mémoires p. 395. Die Tonhöhe ist nicht angegeben.

[3]) Encyklopädie d. ges. musikal. Wissensch. v. G. Schilling. Stuttgart 1840. VI. Bd. S. 504.

[4]) Pogg. Ann. 1846. Bd. 144. S. 462.

beiden war. Das Verhältniss ist hier 1,000827, der wahrgenommene Bruch $^1/_{1209}$, die absoluten Schwingungszahlen sind 439,636 und 440,0 in einer Secunde, also wurden 0,36 Schwingungen auf 440 jedesmal von Geübten unterschieden. Seebeck bemerkt sehr richtig, vielleicht sei nicht in allen Höhen ganz dieselbe Schärfe zu erreichen. Er folgert auch richtig aus seiner Beobachtung, dass éine Schwingung auf 1210 unterschieden werden könne. Aber diese 1210 Schwingungen fanden statt in $2^3/_4$ Secunden, so dass man hieraus nicht erfährt, ob éine Schwingung auch dann noch auf 1210 erkannt wird, wenn die 1210 in éiner Secunde stattfinden. Hierüber muss ein besonderer Versuch angestellt werden, da die für 440 Schwingungen in einer Secunde ermittelte Empfindlichkeit nicht ohne weiteres für 1210 in einer Secunde gelten kann.

Diese Ueberlegung war für meine Untersuchung maassgebend, nachdem ich mich von der Richtigkeit des Seebeck'schen Versuchs überzeugt hatte. Ich und ein anderer sehr geübter Beobachter konnten nämlich jedesmal richtig angeben, ob zwei a^I-Gabeln, die genau in vier Secunden éine Schwebung machten, successive ertönten oder zweimal hintereinander dieselbe Gabel. Wir sind aber ausser Stande, jedesmal richtig zu sagen, welche Gabel die tiefere ist. Der erkannte Unterschied der Tonhöhe ist 440,00—439,75 = $^1/_4$ Schwingung. Da aber hier das Urtheil befangen ist, und der Versuch nicht oft wiederholt wurde, bleibe ich bei $^1/_3$ Schwingung als Grenze stehen.

Ich bin bei Ermittelung der Unterschiedsempfindlichkeit für Tonhöhen davon ausgegangen, dass sie nicht unabhängig ist von den absoluten Schwingungszahlen. Sehr tiefe und sehr hohe Töne lassen sich bekanntermaassen nicht so leicht als verschieden erkennen, wie Töne mittlerer Höhe. Zuerst seien daher die Töne von 128 bis 1024 erörtert. Ich fand, zu allen diesen Bestimmungen nur die Klänge von Metallzungen verwendend, zunächst, dass auch die Ungeübten einen Unterschied von 16 Schwingungen innerhalb der 3 Octaven jedesmal richtig erkennen, ferner, dass ein Unterschied von 8 Schwingungen in der Gegend des c (128), wie des c^I (256) und c^{II} (512) auch von wenig Geübten jedesmal richtig erkannt wird. In der Gegend des c^{III} (1024) jedoch kommen bei 8 Schwingungen schon einzelne unrichtige Urtheile vor, wenigstens wurden von unmusikalischen und an Beobachten nicht gewohnten, aber aufmerksamen Hörern die Töne 1016 und 1024, dann 1016 und 1008, auch 1000 und

1008, wenn auch nur sehr selten, für gleich gehalten, als sie unmittelbar nacheinander erklangen. Häufiger kommen solche falsche Urtheile vor, wenn die Differenz nur 4 Schwingungen beträgt, und zwar in der Gegend des c, wie des c^{I} und c^{II}, aber nur bei Ungeübten. Geübte irren nie um 4 Schwingungen. Wenn aber die Differenz nur éine Schwingung beträgt, kommen bei 1000 schon Irrthümer vor, bei 500 gleichfalls, aber viel seltener. Um genau so kleine Unterschiede und noch kleinere, von $^1/_5$ und $^1/_{10}$ Schwingung, in dieser Höhe zur Disposition zu haben, ersuchte ich Herrn Appunn in Hanau, eine fein abgestufte Reihe von Metallzungen mir herzustellen. Dieselben sind in einem Kasten wie beim Obertöne-Apparat horizontal befestigt und haben folgende Schwingungszahlen: 500; 500,1; 500,2; 500,3; 500,4; 500,5; 500,6; 500,7; 500,8; 500,9; 501; 504; 508; 512; 1000; 1000,2; 1000,4; 1000,6; 1000,8; 1001; 1008; 1016; 1024; 2048; 4096.

Der ganze Apparat soll T o n d i f f e r e n z - A p p a r a t heissen. Er gestattet eine mannigfaltige und feine Abstufung der Tonhöhe, ohne merkliche Aenderung der Intensität und Klangfarbe, und erfordert ausser einem geräuschlosen Luftstrom, den der Blasebalg liefert, und häufig wiederholter Controle der Schwingungszahlen durch Zählung der Schwebungen, nur einige Geschicklichkeit im Handhaben der Schieber. Denn die zu vergleichenden Töne müssen genau gleich lang dauern und gleichmässig schnell abklingen, was man durch einige Uebung bald erreicht, so dass der Beobachter maschinenmässig die Schieber (immer ganz) herauszieht und zurückschiebt, mit der linken Hand den ersten, mit der rechten den zweiten Knopf haltend. Dann kommt es nur äusserst selten vor, dass ein Beobachter, welcher, mit dem Rücken gegen den Apparat gewendet, im mässig erleuchteten Raume völlig ungestört sitzt, beim zweimaligen Angeben eines und desselben Tones eine Unterschiedsempfindung hat. Wenn man aber die Grenze der erkennbaren Unterschiede finden will, kommt es vielmehr auf die Fälle an, wo zwei verschiedene Töne für identisch erklärt werden, als auf die Urtheile, dass zwei Töne verschieden seien, schon weil der Urtheilende sich von vornherein in einer ungewöhnlichen Verfassung befindet, in der er vielmehr geneigt ist, die zwei Töne für verschieden zu erklären, als für gleich.

Um nun mit den kleinsten Unterschieden zu beginnen, so steht zunächst fest, dass niemand $^1/_{10}$ Schwingung Unterschied erkennt; auch $^1/_5$ Schwingung wird weder bei 500 noch 1000 sicher erkannt, sondern 1000 und 1000,2 oder 1000,8 und 1001 werden ebenso für identisch gehalten wie 500 und 500,2 oder 500,6 und 500,8 u. s. w. Wohl kommt es vor, dass die Hörenden bei diesen Tonpaaren urtheilen: die beiden Töne sind verschieden, aber nur ausnahmsweise, und jedesmal lässt sich dann der Unterschied auf Nebensächliches, d. h. etwas Anderes als die Höhe des Tones beziehen, namentlich die Dauer. Entscheidend ist in solchen Fällen stets der Umstand, dass sich für Jeden die nur um $^1/_{10}$ und $^1/_5$ differirenden Tonpaare so gleichmässig angeben lassen, dass kein Unterschied gehört wird, und er der Ueberzeugung ist, er habe zweimal denselben Ton gehört. Bei Ermittlung des Grenzwerthes kommt es darauf an zu wissen, bei welcher Differenz der aufmerksam Hörende jedesmal richtig die zwei Töne als verschieden empfindet. Bei $^3/_{10}$ und $^4/_{10}$ Schwingung auf 500 ist dieses für die Geübtesten bereits der Fall. Bei höchster Spannung der Aufmerksamkeit, nach einem ruhigen Schlafe und in lautloser Ruhe erkennt der sehr Geübte jedesmal richtig, ob zweimal derselbe Ton angegeben wird, oder ob diese Differenz in der Höhe beider da war. So werden constant für verschieden erklärt 500 und 500,4; 500,1 und 500,5; 500,6 und 500,9; dagegen jedesmal bei kleinerer Differenz oder der Differenz Null entweder geäussert: „Die beiden Töne sind gleich," oder „Ich bin zweifelhaft, ob sie verschieden sind." Eine solche Feinheit des Unterscheidungsvermögens, welche bei jeder Probe und allen Vexirversuchen sich bewährt, ist nur Wenigen eigen, nämlich nur Denen, welche sich viel mit Tönen beschäftigen: Violinspielern, Verfertigern akustischer und musikalischer Instrumente und Stimmern, aber auch bei einem Kliniker, der im Auscultiren und Percutiren sehr geübt ist, und bei einem Linguisten, welcher dialektische Unterschiede in der Aussprache ungemein scharf zu beobachten gewohnt ist, fand ich diese erstaunliche Sicherheit des Urtheils, nicht bei Clavierspielern. Sie kann aber durch Uebung erworben werden und zwar in wenigen Wochen von Solchen, die im Stande sind, scharf zu beobachten und ihre Aufmerksamkeit zeitweise allein und anhaltend auf die Tonunterschiede zu richten. So habe ich selbst früher einmal die Töne 1000 und 1001, ja sogar 500 und 501 für gleich gehalten, während jetzt kein einziges falsches Urtheil mehr vorkommt bei der Differenz von 0,9 und 0,8 und 0,7 Schwingung, also bei 500 und 500,9, bei 500 und 500,8, bei 500 und 500,7, sowie bei 1000 und 1000,8. Beträgt der Tonhöhenunterschied nur 0,6 und 0,5, so wird für 500 gleichfalls ein Fehler nicht mehr vorkommen und 1000 immer richtig von 1000,6 unterschieden werden, wenn ich unermüdet unter den günstigsten Bedingungen höre. Erst bei 0,4 und 0,3 ist die Grenze erreicht. Zwar erkenne ich ausnahmslos richtig die Differenzen 500 und 500,4, auch 500,0 und 500,3 und alle anderen zwischen 500 und 501 um 0,3 Schwingung verschiedener Töne als verschieden, nicht aber ist jedesmal 1000=1000,4, und Jedem ist 500=500,2, oder 500,2=500,4, sowie 1000=1000,2; ich halte es aber für möglich, durch weiter fortgesetzte Uebung vielleicht auch 0,25 Schwingung auf 500, nicht aber auf 1000 noch sicher erkennen zu lernen. Letzteres darum nicht, weil das empfindlichste, geübteste und zuverlässigste Gehör, welches ich prüfte (das des Hrn. Georg Appunn), trotz der grössten Uebung während eines langen Lebens, mit voller Sicherheit, d. h. jedesmal richtig den Unterschied 1000 und 1000,5 erkennt, nicht aber 1000 und 1000,25 und nicht 500 und 500,2. Die äusserste Grenze scheint mir in der That für die Prime bei dem Tonverhältniss 500,0:500,3 und 1000,0:1000,4 erreicht.

Man hat mit Hinzunahme der Bestimmungen von Delezenne und Seebeck sicher, einen eben merklichen Unterschied $n_1 - n$ unter den günstigsten Umständen bei den

Schwingungszahlen $n_1 : n$	Differenz $n_1 - n$	Quotient i	Empfindlichkeit $\frac{i}{i-1}$
120,209 : 119,791	0,418	1,00349	$>$ 286
440 : 439,636	0,364	1,000827	$>$ 1209
500,3 : 500	0,300	1,000600	$>$ 1666
1000,5 : 1000	0,500	1,000500	$>$ 2000

dagegen keinen Unterschied in der Empfindung mit Beibehaltung derselben Quotienten bei

60.1045 : 59,895	0,209	1,00349	$<$ 286
110 : 109,909	0,091	1,000827	$<$ 1209
250,15 : 250	0,150	1,000600	$<$ 1666
400,2 : 400	0,200	1,000500	$<$ 2000

Die Beobachtung ergibt nämlich, dass man bei keiner Schwingungszahl 0,2 Schwingung sicher erkennt. Es ist also bewiesen, dass die relative Unterschiedsempfindlichkeit für Tonhöhen auch innerhalb der in der Musik zur Verwendung kommenden Tonreihe nicht unabhängig ist von den absoluten Schwingungszahlen.

Der bisher immer widerspruchlos angenommene Satz in

der grundlegenden Abhandlung (über den Tastsinn und das Gemeingefühl) von E. H. Weber [1]), den auch Fechner [2]) adoptirt, ist also nicht zutreffend. Bei der grossen psychophysischen Bedeutung jenes Satzes sei er hier wörtlich angeführt:

„Bei der Vergleichung der Höhe zweier Töne kommt nichts darauf an, ob beide Töne um 7 Tonstufen höher sind oder tiefer, wenn sie nur nicht an dem Ende der Tonreihe liegen, wo dann die genaue Unterscheidung kleiner Tonunterschiede schwieriger wird. Es kommt daher auch hier nicht auf die Zahl der Schwingungen an, die der eine Ton mehr hat als der andere, sondern auf das Verhältniss der Zahl der Schwingungen der beiden Töne, die wir vergleichen."

Experimentelle Beweise für diesen Satz sind nie bekannt gemacht worden. Er ist gänzlich unrichtig.

Das Verhältniss der Schwingungszahlen kann unverändert bleiben und doch ändert sich die Unterschiedsempfindung, indem sie Null ist bei tiefen Tönen und sehr deutlich bei höheren, wie gezeigt wurde.

Die relative Unterschiedsempfindlichkeit für Tonhöhen ist in hohen Grade abhängig von den Schwingungszahlen der verglichenen Töne, und die absolute Unterschiedsempfindlichkeit nimmt nicht mit der Tonhöhe ab. Man hat:

Schwingungszahlen	Absolute Unterschiedsempfindlichkeit	Eben merkliche Differenz	Relative Unterschiedsempfindlichkeit
n	a	d	E
120	2,39	0,418	287
440	2,75	0,363	1212
500	3,33	0,300	1666
1000	2,00	0,500	2000

Hierbei ist a der reciproke Werth von d und $E = n : d$. Somit ist E zugleich die Empfindlichkeit für die Reinheit der Prime, als consonirenden Intervalls.

Die relative Unterschiedsempfindlichkeit für Tonhöhen in der Gegend des c^{III} ist also mindestens siebenmal so gross wie beim ungestrichenen c und nimmt im Allgemeinen von den tiefsten Tönen der Violine an aufwärts zu, wahrscheinlich bis über das c^{III} hinaus.

Da für jede Tonhöhe zwischen c und c^{III} die eben merkliche Schwingungszahlendifferenz zwischen 0,3 und 0,5 liegt, und

[1]) In Wagners Handwörterbuch der Physiologie. 3. Bd. II. S. 560. 1846.
[2]) Elemente der Psychophysik. Lpz. 1860 1. Bd. S. 137. 138.

0,2 sicher in keiner Tonhöhe, 0,5 sicher in jeder zwischen c und c^{III} erkannt wird, die kleinste überhaupt erkennbare Differenz aber von $^1/_3$ Schwingung nach den bis jetzt vorliegenden Untersuchungen nur in der Gegend des a^I und c^{II} sicher erkannt wird, so erscheint diese Gegend vor allen anderen bevorzugt. Diese Bevorzugung hängt vielleicht damit zusammen, dass in der Reihe der in der Musik gebräuchlichen Töne die Töne a^I bis c^{II} gerade in der Mitte liegen und zugleich die Mitte der Tonreihe bilden, welche von der überwiegenden Mehrzahl menschlicher Kehlköpfe, nämlich von sämmtlichen Kinderstimmen und Frauenstimmen, hervorgebracht wird. Die Mitte des Umfangs einer Sopranstimme ist etwa c^{II}, die einer Altstimme etwa f^I.

Wie es sich auch hiermit verhält, jedenfalls ist der eben erkennbare Tonunterschied, in absoluten Schwingungszahlen ausgedrückt, in der Gegend des a^I und c^{II} am kleinsten und nimmt nach unten wie nach oben etwas zu. Es ist also unrichtig, von einem eben unterscheidbaren Bruchtheil schlechthin zu reden wie A. v. Dommer[1]), welcher behauptet, das Gehör könne kaum bis auf 0,002 Octave genau beobachten. Es kommt darauf an, wie hoch die Töne sind. Zwei Tausendstel einer Octave sind in tiefen Lagen ganz unmerklich, in hohen aber übermerklich, wie folgende Uebersicht zeigt, der ich die wahren Bruchtheile beifüge. Alle Zahlen bedeuten

Schwingungszahlen Töne	$^2/_{1000}$ Octave	Merklicher Bruchtheil
50 bis 100	0,1 unmerklich	0,4
100 „ 200	0,2 unmerklich	0,4
200 „ 400	0,4 merklich	0,4
400 „ 800	0,8 sehr deutlich	0,3
800 „ 1600	1,6 übermerklich	0,5

Von den kleinsten Intervallen der Musik wird aber nur das Schisma, das kleinste, hiervon so getroffen, dass es schon in der ungestrichenen Octave unhörbar wird, d. h. mit der Prime zusammenfällt, da für einen Ton von 100 Schwingungen

Das grosse Limma	27 : 25	gibt 108	Schwingungen.
Der grosse halbe Ton	16 : 15	„ 106,666	„
Das kleine Limma	135 : 128	„ 105,469	„
Das Pythagoräische Limma .	256 : 243	„ 105,349	„
Der kleine halbe Ton	25 : 24	„ 104,166	„
Die grosse Diesis	128 : 125	„ 102,4	„

[1]) Musikalisches Lexikon auf Grundlage des Lexikons v. H. Ch. Koch verfasst v. Arrey v. Dommer. Heidelberg 1865. S. 916.

Die kleine Diesis	3125 : 3072	gibt	101,725	Schwingungen
Das ditonische Comma . . .	531441 : 524288	„	101,364	„
Das syntonische Comma . . .	81 : 80	„	101,25	„
Das Diaschisma	2048 : 2025	„	101,136	„
Das Schisma	32805 : 32768	„	100,113	„

Diese Zusammenstellung in Verbindung mit dem Obigen zeigt, dass nur das Schisma unhörbar wird innerhalb der ungestrichenen Octave. Es wird aber vollkommen deutlich in der zwei- und dreigestrichenen Octave, da die Töne 1000 und 1001,13 sicher unterschieden werden. Die sämmtlichen anderen Intervalle sind hörbar zwischen 100 und weit über 1000 hinaus. Aber es folgt aus den obigen Grenzbestimmungen, dass auch vom schärfsten Gehör nicht unterschieden werden kann das kleine Limma vom Pythagoräischen Limma, sowie es unterhalb der eingestrichenen Octave auftritt. Erst jenseit derselben kann das sehr geübte Ohr diese beiden Intervalle als verschieden erkennen, da noch zweimal die Differenz 0,12 kaum merklich ist. Auch die grosse Diesis von der kleinen zu unterscheiden ist in der grossen Octave sehr schwer, in der zwei und dreigestrichenen sehr leicht. Dasselbe gilt von der Unterscheidung des ditonischen Comma von der kleinen Diesis, welche in der unteren Hälfte der ungestrichenen Octave nur Geübtesten gelingt, aber sehr leicht wird in der zweigestrichenen Octave. Die Unterscheidung des syntonischen Comma vom ditonischen ist dagegen auch in hohen Lagen selbst dem Geübten schwer, in der ersten Hälfte der ungestrichenen Octave unmöglich. Und wenn auch diese beiden Intervalle in der Gegend des c^{III} sicher als verschieden erkannt werden vom Geübten, wird er doch nicht sicher sagen können, welches das grössere ist, da z. B. die Töne 1013,6 und 1012,5 zwar als verschieden erkannt werden, nicht aber sicher angegeben werden kann, welcher von beiden der höhere ist, worüber weiter unten die Rede sein wird. Was endlich das Diaschisma betrifft, so kann dasselbe unterhalb der ungestrichenen Octave nicht von dem syntonischen Comma unterschieden werden, sicher aber in der zweigestrichenen von sehr Geübten, ohne dass es freilich möglich ist anzugeben, welches von diesen beiden Intervallen das grössere ist. Die deutliche Unterscheidung des Diaschisma vom Schisma ist nicht schwierig vom grossen A an bis über c^{III} hinaus. Und es wird auch das geübte Ohr jedesmal richtig das Schisma als das kleinere Intervall bezeichnen, da in den Tonpaaren 100,1 : 101,1 und 1001 : 1011 der zweite Ton jedesmal als der höhere erkannt wird.

Man sieht aus allen diesen Folgerungen aus feststehenden Thatsachen, deren Beweise die obigen Grenzbestimmungen liefern, dass die Wahrnehmbarkeit eines kleinsten Intervalls und die Unterscheidbarkeit zweier kleinster Intervalle für die ganze Tonreihe der Musik in hohem Grade abhängt von der absoluten Tonhöhe der beiden in allen diesen Fällen nacheinandererklingenden Töne. Beim Zusammenklingen wird auch der kleinste Unterschied durch die Schwebungen wahrnehmbar. Darum handelt es sich aber bei der Bestimmung der unmittelbaren Wahrnehmungsgrenze nicht.

Wäre die psychophysische Regel für Tonhöhen streng gültig, dann könnten die dargelegten Unterschiede der Empfindlichkeit je nach der Tonhöhe nicht vorkommen, dann müsste, wie E. H. Weber meinte, die relative Unterschiedsempfindlichkeit constant sein und die absolute mit wachsender Schwingungszahl abnehmen.[1]) Beides ist aber nicht der Fall, vielmehr nähert sich die absolute Unterschiedsempfindlichkeit der Constanz, indem überall zwischen 100 und 1000 Schwingungen zwischen 0,3 und 0,5 Schwingung erkannt werden kann, und die relative Unterschiedsempfindlichkeit nimmt bedeutend zu mit der Tonhöhe, indem bei etwa 100 Schwingungen $^1/_{206}$ und bei 1000 sogar $^1/_{2000}$ noch erkannt wird. Da gerade die Tonhöhenunterschiedsempfindungen als der schlagendste unmittelbare Beweis für die Richtigkeit der psychophysischen Regel angeführt zu werden pflegen, so ist es wünschenswerth, noch mehr derartige Beobachtungen auszuführen. Meine Angaben, darunter namentlich die Behauptung, dass $^1/_3$ Schwingung sicher auf 500 und $^1/_2$ Schwingung auf 1000 erkannt wird, fussen auf mehr als tausend Einzelbestimmungen der eben erkennbaren Tonunterschiede an zwölf ausgesuchten Beobachtern. Und die Versuche von Scheibler, Delezenne und Seebeck sind so genau, dass nicht zweifelhaft ist: $^1/_3$ Schwingung kann bei 120 nicht sicher erkannt werden, $^2/_5$ bei 440 leicht.

Die bisher erwähnten Bestimmungen erstrecken sich nur auf die Schwingungszahlen von etwa 128 bez. 120 bis 1024. Jenseit dieser Töne nimmt die Unterschiedsempfindlichkeit ab, nach unten schnell, so dass auch Geübte sich um eine ganze

---

[1]) Fechner, Elemente der Psychophysik. Lpz. 1860 I. S. 50. 135.

Schwingung irren bei den sehr tiefen Tönen unterhalb 40, Ungeübte um 2 und 3 Schwingungen und mehr. Zwischen 40 und 100 mag wohl durch Uebung die absolute Differenz von nahe $\frac{1}{2}$ Schwingung erreicht werden können, obwohl, wie ich öfters beobachtete, Ungeübte sich auch hier um mehr als 2 irren.

Jenseit c^{III} nimmt höchstwahrscheinlich das Unterscheidungsvermögen für Tonhöhen langsam ab bis es jenseit c^{V} sehr unzuverlässig wird. Nur in der viergestrichenen Octave wird vielleicht eine namentlich beim fis^{IV} zu prüfende Erhöhung zu finden sein, eine zweite Stelle des deutlichsten Hörens neben der vorhin ermittelten (von a^{I} bis c^{II}), weil das menschliche Ohr gerade für diese Töne besonders empfindlich ist. [1])

Darüber hinaus aber werden die um hunderte von Schwingungen differirenden Töne bald nicht mehr als verschieden erkannt. Ungeübte, darunter auch Clavierspieler, unterscheiden z. B. nicht einmal sogleich den Ton der Stimmgabel e^{V} (5120) von dem g^{V} (6144), obwohl letzterer 1000 Schwingungen in der Secunde mehr hat. Es ist auch kaum zu bezweifeln, dass niemand im Stande sein wird, Töne von 19000 und 20000 Schwingungen, wenn sie nacheinander erklingen, zu unterscheiden, denn ich beobachtete wiederholt, dass die Gabeltöne c^{VII} (16384) und g^{VI} (12288) von den Geübtesten für gleich erklärt wurden, wenn sie für sich erklangen. Also ist gewiss, dass die relative, wie die absolute Unterschiedsempfindlichkeit in der Höhe — sicher vom c^{V} an — sehr schnell abnimmt. Sie ist aber wahrscheinlich schon beim c^{IV} kleiner als beim c^{III}.

Hierbei wurde bisher mit dem Ausdruck Unterschiedsempfindlichkeit immer nur das Vermögen bezeichnet zu erkennen, ob die zwei zu vergleichenden Tonhöhen verschieden sind oder nicht. Der zu Prüfende hatte nur zu antworten, ob die beiden Töne gleich oder verschieden sind. Eine ganz andere Frage ist aber die, welcher von den beiden Tönen der höhere ist.

Ebenso wie es bei der Beurtheilung eben merklicher Temperaturunterschiede oft vorkommt, dass man sich völlig klar darüber ist, einen Unterschied wahrzunehmen und doch den um 0,1° wärmeren Körper für den kälteren hält, kommt es oft bei der Beurtheilung sehr kleiner Tonhöhendifferenzen vor, dass man zwar den Unterschied ganz sicher wahrnimmt, aber den tieferen

---

[1]) Helmholtz, Lehre v. d. Tonempfindungen. Braunschweig 1863. S. 176.

Ton für den höheren erklärt. Auch die Geübtesten begehen solche Fehler, freilich viel seltener als Ungeübte und erst bei sehr kleinen Unterschieden. Von 398 Urtheilen, die ich hierüber sammelte, und bei denen ein kleiner Tonunterschied sicher erkannt wurde, fielen 154 oder mehr als ein Drittel falsch aus, und bei 2,7%, nämlich 11 Urtheilen, sagten die Urtheilenden, sie seien zweifelhaft, welcher Ton der höhere sei. Diese 11 Urtheile betrafen die Differenzen 0,4 und 0,6 und 0,9 auf 1000, und auf 500 bei den besten Beobachtern. Auch wenn 1000 und 1001 richtig als verschieden erkannt wurden, erklärten die Geübtesten mitunter den höheren Ton für den tieferen. Man sieht, dass das Urtheilen über den Ort eines Tones in der Tonlinie unsicherer ist, als das Urtheil, ob zwei Töne an verschiedenen Puncten derselben liegen oder nicht, gerade wie beim Tastsinn das Urtheil darüber, ob zweimal hintereinander dieselbe Hautstelle berührt wurde oder nicht, sicherer ist, als das Urtheil darüber, welche Hautstelle berührt wurde, wenn successive zwei nahe aneinander liegende Hautpuncte getroffen sind. Ich habe gefunden, dass man, ohne Zuhilfenahme des Auges und ohne eigens darauf gerichtete Uebung, nicht im Stande ist bei Berührung der Zehen — zumal an der ersten Phalanx — jedesmal richtig anzugeben, welche Zehe berührt wurde, sogar dann nicht, wenn man selbst mit dem eigenen Finger die Zehe berührt, dass man aber darüber sich lange nicht so leicht täuschen lässt, ob zweimal hintereinander dieselbe Stelle des Fussrückens oder der Zehen berührt wurde oder nicht, als darüber, wo bei zwei verschiedenen Stellen die zweite liegt. Ganz Entsprechendes gilt für die Localisirung der Töne im Ohr, d. h. für die Beurtheilung, ob zweimal dasselbe Nervenende oder welches von zwei verschiedenen Nervenenden von einem Tone am stärksten erregt wird. Es ist auch viel angreifender, die Frage zu beantworten, welcher Ton der höhere sei, als die Frage, ob die zwei Töne verschieden seien. Auch dauert es erstenfalls viel länger, ehe man schlüssig wird. Erst wenn die Differenz mehrere Schwingungen beträgt, ist das Urtheil sofort sicher gefällt. Aber auch dieses gilt nur für den Bereich der musikalischen Töne. Uebrigens vermindert die Uebung erstaunlich schnell die Zahl der falschen Urtheile auch nach dieser Richtung.

IV.

Die Empfindlichkeit des Intervallensinnes.

Die auffallende Sicherheit, mit welcher Geübte die Tonintervalle erkennen, indem bei zwei consonirenden Tönen, auch wenn sie nacheinandererklingen, ein eigenthümliches Gefühl von Befriedigung auftritt, ein Lustgefühl, welches bei Dissonanzen fehlt, hat trotz einer mehrtausendjährigen praktischen Bedeutung zwar umfangreiche Speculationen, aber bisher nur wenige experimentelle Prüfungen veranlasst. Wohl ist bekannt, dass bei sehr tiefen und sehr hohen Tönen die Sicherheit im Beurtheilen der Intervalle sich verliert, aber wie weit sie innerhalb des Gebietes musikalischer Töne reicht, wie weit ein Intervall vom reinen Intervall abweichen darf, ohne dass auch die Geübtesten die Abweichung erkennen, diese Frage wurde, wie es scheint, bisher nur von Delezenne [1]) und von diesem nur für vier Consonanzen und für Töne von 90 bis 180 Schwingungen geprüft, obwohl sie von hohem theoretischem Interesse und eminenter Bedeutung für die Auffindung der besten musikalischen Temperatur ist.

Theilte Delezenne die erwähnte Saite durch einen Steg in zwei Abschnitte, so dass der eine (764,666 Millimeter) genau doppelt so gross wie der andere (382,333) war, so wurde die Abweichung von der Octave wahrnehmbar bei einer Verschiebung des Steges um 1 Millim., das Verhältniss $= \frac{\frac{2}{3}\,1147 + 1}{\frac{1}{3}\,1147 - 1} = 2{,}00787$ statt 2. Also wenn der eine Ton 180,472, der andere 89,882 Schwingungen macht, erkennt man die Abweichung von der Octave 180 : 90. Es wird demnach hierbei, das Intervall gleich 1 gesetzt, eine Verstimmung von + 0,003935 auf 1 sicher erkannt. Weniger deutlich schien angeblich die Dissonanz bei der Steg-

[1]) L. c. S. 7 bis 15.

verschiebung nach der anderen Seite, welche das Verhältniss $\frac{\frac{2}{3}\,1147 - 1}{\frac{1}{3}\,1147 + 1} = 1{,}99217$, und die Schwingungszahlen 90,118 und 179,530 gibt, so dass — 0,003915 auf 1 erkannt wurde. Es wurde also in beiden Fällen der zwischen 0,35 und 0,7 Schwingung betragende Fehler wahrgenommen.

Für die Quinte glaubte Delezenne die Empfindlichkeit in dieser Lage grösser zu finden. Er theilte die Saite in zwei Theile wie $^2/_3$, entsprechend $\frac{458{,}8}{688{,}2}$. Hier wurden die Geübten in keinem Falle getäuscht, wenn der Steg um mehr als $^1/_2$ Millimeter verschoben ward, so dass das Längen- und somit das Schwingungsverhältniss, welches noch als verschieden von dem der Quinte erkannt wurde, $\frac{\frac{3}{5}\,1147 - \frac{1}{2}}{\frac{2}{5}\,1147 + \frac{1}{2}} = 1{,}4972$ und $\frac{\frac{3}{5}\,1147 + \frac{1}{2}}{\frac{2}{5}\,1147 - \frac{1}{2}} = 1{,}5027$ statt 1,5 betrug. Hieraus findet man, dass, wenn die 2 Töne 100,072 und 149,837 Schwingungen einerseits, 99,927 und 150,16 andererseits, statt 100 und 150, machten, die Unreinheit der Quinte erkannt wurde. Die Empfindlichkeit reicht demnach aus zur Erkennung von ± 0,00181 auf 1, für dieses Intervall. Der wahrgenommene Fehler lag zwischen 0,18 und 0,27 Schwingung.

Ich muss jedoch einschalten, dass die Saitenabschnitte sowohl getrennt wie zusammen schwangen, also die Möglichkeit nicht ausgeschlossen ist, dass dieser kleine Unterschied durch die Schwebungen erkannt wurde. Ausserdem heisst es: „Je n'ai pu tromper les artistes de plus d'un demi-millimètre,“ also ist die Empfindlichkeitsgrenze bei 0,23 Schwingung mittlerer Differenz der zwei Töne von 100 und 150 überschritten, da hier Irrthümer vorkamen. Wenig Geübte hörten die Dissonanz bei dem Verhältniss $\frac{\frac{3}{5}\,1147 - 1}{\frac{2}{5}\,1147 + 1} = 1{,}4945$. Die beiden Töne machten 100,145 und 149,67 Schwingungen. Es wurde erkannt der Unterschied von 0,0036 auf 1, und der zwischen 0,35 und 0,71 Schwingung betragende Fehler wurde wahrgenommen.

Für die grosse Terz fand Delezenne, dass er bei einer Stegverschiebung von 2 Millim. selten irrte, aber eine solche von 1 Millimeter nicht bemerkte. Diese Grenzwerthe geben als noch merklich den Unterschied der Intervalle $\frac{107,66}{135,52}$ und $\frac{108,21}{134,31}$ von $\frac{108}{135}$, unmerklich $\frac{107,83}{135,26}$, indem $\frac{\frac{5}{9}\,1147 + 2}{\frac{4}{9}\,1147 - 2} =$ 1,2588 und $\frac{\frac{5}{9}\,1147 - 2}{\frac{4}{9}\,1147 + 2} = 1,2412$, sowie $\frac{\frac{5}{9}\,1147 + 1}{\frac{4}{9}\,1147 - 1} =$ 1,2544. Die Empfindlichkeit für die Reinheit des Intervalles $^5/_4$ reicht demnach bis zur Erkennung von + 0,007 auf 1, entsprechend dem erkannten Fehler zwischen 0,38 und 0,95 Schwingung, während der zwischen 0,31 und 0,47 nicht wahrgenommen wurde. Der mittlere Fehler war also merklich = 0,66, unmerklich = 0,42.

Für die grosse Sexte ergaben sich die Grenzwerthe $\frac{\frac{5}{8}\,1147 + 1}{\frac{3}{8}\,1147 - 1} = 1,6728$ und $\frac{\frac{5}{8}\,1147 - 1,5}{\frac{3}{8}\,1147 + 1,5} = 1,6574$, d. h. das Intervall der Töne 95,866 und 160,37 einerseits, 96,202 und 159,44 andererseits, wurde noch eben von dem Intervall 96 : 160 = 1,6666 unterschieden, oder + 0,00377 und — 0,00555 auf 1 wurden erkannt. Die Empfindlichkeit für die Reinheit der grossen Sexte reicht also in dieser (tiefen) Lage aus zur Erkennung eines Fehlers zwischen 0,36 und 0,6 Schwingung für die übermässige und zwischen 0,5 und 0,9 Schwingung für die verminderte Sexte.

Somit resultirt aus den Versuchen von Delezenne, dass die Empfindlichkeit für die Intervallenreinheit innerhalb der Octave von 90 bis 180 ganzen Schwingungen in der Secunde für die einzelnen Intervalle ungleich ist, wie aus der folgenden Zusammenstellung der Hauptergebnisse zu ersehen. Dabei sind n und n_1 die Schwingungszahlen, $i = n_1 : n$ und E die Empfindlichkeit für die Reinheit des Intervalls. E wird erhalten durch Division des Unterschiedes r — i bezüglich i — r in r, wo r das reine Intervall. S ist das Empfindlichkeitsmaass auf die Schwingungszahlendifferenz bezogen. Es ist $S = \frac{2\,(n_1 - rn)}{r + 1}$ bei übermässigen, $\frac{2\,(rn - n_1)}{r + 1}$ bei verminderten Intervallen und gibt die Fehlergrenze, indem es genau den Fehler des Unterschiedes $n_1 - n$ anzeigt (s. u. S. 43).

n : n_1	i	Urtheile	E	S
100,07 : 149,84	1,4972	Geübtesten unreine Quinte	≷ 536	0,21
99,93 : 150,16	1,5027	Ebenso	≷ 555	0,21
100,14 : 149,67	1,4945	Weniger Geübten unrein	> 273	0,43
119,79 : 120,21	1,0035 / 0,9965	Sehr Geübten nicht reine Prime	> 286	0,42
119,58 : 120,42	1,0070	Ungeübten nicht reine Prime	> 142	0,84
89,88 : 180,47	2,0079	Geübten keine reine Octave	> 254	0,47
90,12 : 179,53	1,9922	Ebenso		
95,87 : 160,37	1,6728	Geübten nicht reine grosse Sexte	> 265	0,44
96,20 : 159,44	1,6574	Ebenso	> 180	0,66
107,83 : 135,26	1,2544	Geübten reine grosse Terz	< 284	0,42
108,21 : 134,31	1,2412	Geübten fast jedesmal nicht reine grosse Terzen	≷ 142	0,84
107,66 : 135,52	1,2588			

Da es bei den zwei ersten Bestimmungen um eine Verschiebung des Steges von + 0,5 Millimeter sich handelt, so können diese Zahlen nicht mit demselben Vertrauen angenommen werden wie die folgenden wegen des bei einer so kleinen Grösse zu grossen Einflusses der Messungsfehler, welche die Schwingungszahlendifferenzen stark afficiren. Die Differenz ist so klein, dass sie nicht jedesmal erkannt werden kann. In Betreff der übrigen Intervalle ist deutlich zu ersehen, dass die Empfindlichkeit für die Prime in keinem Falle in dieser Lage übertroffen wird.

Offenbar kommt es bei der Beurtheilung der Reinheit eines Intervalles in erster Linie darauf an, dass der erste Ton richtig percipirt, d. h. ihm auf der Tonlinie der richtige Ort angewiesen werde, oder, anders gesagt, dass man möglichst präcise erkennt, welches von den 16400 Hörnervenfaserenden in der Schnecke [1])

---

[1]) So viele Hörzellen sind nach Hensen (Archiv f. Ohrenheilkunde 6. Bd. S. 17. 31.) im menschlichen Ohre anzunehmen, da vier Hörzellen auf die äussere Bogenfaser kommen, nicht (wie er 1869 annahm) auf die innere, was 24800 Nervenenden ergeben hatte. Waldeyer fand die Totallänge der *Lamina spiralis membranacea* bei zwei erwachsenen Menschen zu 28 und 31 Millimeter, und indem er sie zu 30 Millimeter annimmt, die Zahl der äusseren Pfeiler zu 4500, die der inneren zu 6000 und die Zahl der inneren Haarzellen zu 3300, die der äusseren zu 18000, nämlich in jeder Reihe 4500, so viel wie äussere Pfeiler (Handb. der Lehre v. d. Geweben. herausgegeben von S. Stricker, Bd. II, S. 959, 960. Leipzig 1872). Hiernach kommen also gleichfalls vier Haarzellen auf jeden äusseren Pfeiler. Berücksichtigt man die Abweichungen der einzelnen Messungen, welche namentlich den Abstand der Fusspuncte der Cortischen Pfeiler, die Dicke derselben und die ganze Länge der Grundmembran betreffen, so kann die Zahl der äusseren Haarzellen allerdings nicht weniger als 16000, aber auch nicht viel mehr als 20000 beim erwachsenen Menschen betragen, es müssten denn künftige Mes-

erregt worden ist. Dann muss ebenso genau der Ort des zweiten Tones auf der Tonlinie, das zweite erregte Nervende, erkannt, und so die Distanz oder der absolute Unterschied der zwei Schwingungszahlen wahrgenommen werden. Hierbei wird auch von den Geübtesten ein Fehler begangen, ebenso wie beim Schätzen der Entfernung zweier Hautstellen, die nacheinander berührt wurden. Der erste Ton wie der zweite werden um ein Geringes zu tief oder zu hoch percipirt. Dadurch wird das zweite, worauf es ankommt, fehlerhaft, ihr Abstand zu gross oder zu klein. Wenn also das dritte und letzte, ihr Verhältniss mit dem reinen Intervall verglichen wird, kann sowohl ein unreines Intervall für rein, als auch ein reines Intervall für unrein erklärt werden, je nach der Genauigkeit, mit der die zwei erregten Nervenenden localisirt wurden. Diese Genauigkeit steigt schnell mit der Uebung. Daher werden sehr Geübte nur selten reine Intervalle für nicht ganz rein erklären. Es sind mir aber einige derartige Fälle vorgekommen, welche wahrscheinlich auf Ermüdung zurückzuführen sind. Wenn z. B. die reine Quinte 100 : 150 angegeben wird, so ist es bei dem Ermüdeten möglich, dass der erste Ton um 0,3 Schwingung zu tief, der zweite um eben so viel zu hoch percipirt, d. h. mangelhaft in der Schnecke localisirt wird, wodurch dann statt 1,5 die unreine Quinte 1,5075 im Kopfe des Hörenden erscheint und das reine Intervall für unrein gehalten werden kann. Indessen sind darum bei Geübten solche Fälle selten, weil sie so grosse Fehler wie ± 0,3 Schwingung auf jeden Ton — und zwar im entgegengesetzten Sinne bei jedem — nicht leicht machen. Sie werden vielmehr, wenn diese Abweichung von ± 0,6 Schwingung auf die absolute Differenz der beiden Schwingungszahlen vorliegt, die Unreinheit des Intervalls erkennen, d. h. wahrnehmen, dass die Distanz auf der Tonlinie zu gross oder zu klein ist.

Die Zahl ± 0,3 für den möglichen Localisationsfehler des einzelnen Tons (zwischen 100 und 1000 Schwingungen) basirt auf den im vorigen Abschnitt besprochenen Erfahrungen. Denn ± 0,5 Schwingung wird bei der Prime erkannt, 0,2 nicht, 0,4 meistens, 0,3 nicht jedesmal in der eingestrichenen Octave. Aber ein Fehler von zweimal 0,3 wird dem Geübten meistens schon merkbar sein müssen, wenn er nicht ermüdet ist. Bei grosser

---

sungen grössere individuelle Abweichungen kennen lehren, was nicht unwahrscheinlich ist bei der grossen individuellen Verschiedenheit bezüglich der Hörbarkeit höchster Töne.

Anspannung der Aufmerksamkeit tritt jedoch schnell die Ermüdung ein.

Aus dieser Darlegung geht hervor, wie wichtig es ist, die Differenz des wahren Unterschiedes $n_1 - n$ von dem zur absoluten Reinheit des Intervalls erforderlichen Unterschied und die Abweichung des Verhältnisses $n_1 : n$ von dem reinen Verhältniss zu kennen. Das letztere bietet keine Schwierigkeiten, das erstere aber benöthigt eine Voraussetzung. Entweder man nimmt an, dass beide Töne falsch localisirt werden und zwar mit entgegengesetzten Vorzeichen, um denselben Werth zu hoch oder zu tief, so dass $\frac{n_1 - x}{n + x} = r$ (für übermässige Intervalle) und $\frac{n_1 + x}{n - x} = r$ (für verminderte). Es wird dann, wenn das Urtheil „reines Intervall“ lautet, ein Distanzfehler $= 2\,x$ nicht percipirt. Oder man berechnet wie viel n_1 erhöht oder vertieft werden muss, um mit n das reine Intervall r zu geben, dann wie viel n erhöht oder vertieft werden muss, um mit n_1 das r zu geben, und theilt die Summe der erhaltenen Differenzen durch 2. Dann resultirt der Fehler für die übermässigen Intervalle

$$\triangle = \frac{n_1 - nr + \frac{n_1}{r} - n}{2},$$

während für dieselben $2\,x = \frac{2\,(n_1 - r\,n)}{r + 1}$ ist. Man findet nun leicht, dass nur bei der Prime und bei allen anderen Intervallen nur dann $\triangle = 2\,x$ wird, wenn $n_1 : n = r$, also $x = 0$ und $r - i = 0$ wird. Also stimmen die $\triangle$-Werthe sehr nahe mit den $2\,x$ überein, so lange die Abweichung des i vom r klein ist. Gerade um diese Fälle handelt es sich aber in den folgenden Tabellen. Ich habe daher nur das eine der beiden Empfindlichkeitsmaasse und zwar $2\,x$ unter dem Zeichen S den Versuchsergebnissen beigefügt. Der Distanzfehler der 2 Töne ist genau $= 2\,x$.

Die Versuche beziehen sich zunächst nur auf die ungestrichene Octave.

Es ist aber klar, dass die Abweichung eines Intervalls von der Reinheit um so merklicher sein muss, je höher in der Reihe von etwa 100 bis gegen 1000 Schwingungen die Töne sind. Denn in diesem Bezirk ist das Localisirungsvermögen sehr nahe dasselbe, sofern überall 0,2 nicht gemerkt, 0,5 gemerkt wird. Wenn ein doppelter Fehler von $\pm$ 0,3 gemacht wird, so dass

z. B. 150,3 : 99,7 = 1,5075 und 900,3 : 599,7 = 1,5012, so wird in beiden Fällen die Unreinheit der Quinte eben erkannt werden, im ersten ist aber die Empfindlichkeit E nur 200, im zweiten ist sie 1250. Und so für alle Intervalle. Für alle muss die Empfindlichkeit mit der Zunahme der Tonhöhe nothwendig wachsen, weil thatsächlich der mögliche Fehler bei der Perception der Tonhöhe überall nur zwischen Null und 0,5 Schwingung beträgt und bei der Beurtheilung des Verhältnisses der zwei Töne zuvor die absoluten Schwingungszahlen beider und ihr Abstand von einander beurtheilt worden sein müssen. Will man also überhaupt die Empfindlichkeit des Intervallensinnes genau feststellen, so muss für jede Region der Tonscala eine besondere Versuchsreihe angestellt werden, und wenn die Bestimmungen des vorigen Abschnitts richtig sind, was ich nicht bezweifeln kann, so lassen sich aus ihnen für jede Tonhöhe (freilich weit auseinanderliegende) minimale und maximale Grenzwerthe für die Empfindlichkeit berechnen, welche zwar in einzelnen Fällen und von Ungeübten nicht erreicht aber nicht überschritten werden können, wenn nicht blos für den Einklang, sondern für alle Consonanzen ± 0,5 als übermerklich, ± 0,1 als untermerklich für jeden einzelnen Ton anzusehen ist. Aber die so erhaltenen Zahlen sind darum nicht ausreichend, weil sie den dritten Fehler, welcher bei der Schätzung eines Intervalls in Betracht kommt, noch nicht mitberücksichtigen, den Fehler nämlich, der bei der Beurtheilung des Verhältnisses der genau oder ungenau localisirten und in Bezug auf ihren Abstand genau oder ungenau wahrgenommenen Schwingungszahlen auftritt. Dieser kann nur durch das Experiment gefunden werden. Er verändert, wie schon aus den wenigen Bestimmungen von Delezenne hervorgeht, die Fehlergrenzen bedeutend und bei den verschiedenen Intervallen in entgegengesetztem Sinne. Es ist beachtenswerth, dass bei ihm in dem ersten Falle — durch die Quinte — die Hälfte des Fehlers, d. h. die auf jeden einzelnen Ton entfallende Abweichung, den halben merkbaren Fehler der Prime 0,42 : 2 = 0,21 nicht erreicht, dass man also bei der Quinte kleinere Abweichungen der Schwingungszahl eines Tones (0,10) sicher erkennen kann, als bei der Prime. Die Empfindlichkeit $E = \frac{r}{r - i}$ bezüglich $\frac{r}{i - r}$ für diese Consonanz ist also grösser als die für die Prime. Bei den anderen wurde sie kleiner gefunden.

In der Originalarbeit von Delezenne findet sich freilich über alle diese Folgerungen nichts Näheres angegeben, namentlich die (unrichtige) Behauptung nicht gehörig motivirt, dass die Octave grössere Fehler vertrage als die Quinte.

Ich habe auch Delezenne's unmittelbare Versuchsergebnisse sämmtlich umgerechnet, weil er keine Rücksicht auf die absoluten Schwingungszahlen nahm, worauf es hierbei wesentlich ankommt, und weil er die Empfindlichkeiten nur durch Bruchtheile des Comma 80 : 81 ausdrückt, was sehr unbequem ist.

Zu den Versuchen, welche ich selbst ausführte, wurden Stimmgabeln nicht benutzt, weil sich dieselben von einem Tage zum andern zu leicht verändern [1]) und, selbst wenn sie ihre Tonhöhe behalten, durch Temperaturänderungen die Luft im Resonanzkasten verstimmt wird. Wegen des grossen Einflusses der Lufttemperatur sind auch Pfeifen (von Holz wie Metall) nicht zu so delicaten Experimenten verwendbar, wenn es sich um häufige Wiederholung und lange Versuchsreihen handelt. Zungen hingegen gestatten eine sehr weitgehende Abstufung der Tonhöhe und behalten zugleich vermöge der geringen Veränderlichkeit ihrer Elasticität die ihnen einmal gegebene Frequenz lange Zeit völlig unverändert bei. Ich habe durch oft wiederholte Zählungen der Schwebungen nach Wochen und Monaten, ja sogar bei vielen nach Jahren die Schwingungszahlen bis auf die Zehntel nicht verändert gefunden, halte es aber für nöthig, die Apparate mit höchster Schonung vor Staub und Temperaturwechsel geschützt immer an derselben Stelle zu stimmen und zu prüfen. Diese Apparate sind der Tonmesser und der Tondifferenzapparat. Der erstere gibt von 128 zu 256 Schwingungen um je etwa 4 Schwingungen forschreitend 33 Zungentöne, so dass leicht sehr wenig verminderte und übermässige Terzen und kleine Sexten und Quarten sowie einige Quinten hergestellt werden können. Man kann aber auch die Intervalle von dem genauen Verhältniss abweichen machen durch Schaben an den Zungen. Wird eine Spur des Metalls von dem freien Ende entfernt, so wird der Ton erhöht, durch Schaben am festen Ende vertieft. Eine Controle der Tonhöhe vor und nach dem Versuch mittelst Zählung der Schwebungen ist dabei unerlässlich. Indessen habe ich von diesem Verfahren im vorliegenden Falle nicht Gebrauch gemacht, weil das Stimmen ohnehin gar zu zeit-

[1]) Scheibler: Der physikalische und musikalische Tonmesser. Essen, Bädeker 1834. S. 36. 47. 48.

raubend ist und das Ohr angreift. Die Empfindlichkeit für die meisten Intervalle innerhalb der Octave lässt sich zudem auch ohne dieses leicht durch Auswahl aus den 528 Tonpaaren des Instruments annähernd finden, da unreine Intervalle darunter sind, welche von den besten Violinspielern doch für rein erklärt werden und andererseits viele solche, welche eben als unrein erkannt werden.

Inzwischen hat Hr. Appunn einen grösseren Tonmesser mit 129 Zungen construirt (von $c^{I} = 256$ bis $c^{II} = 512$), welche von 2 zu 2 Schwingungen fortschreiten. Er ist zugleich ein Obertöne-Apparat für den 128. bis 256. Theilton eines imaginären C_{V} von 2 Schwingungen, und vorzüglich geeignet zum Studium der Dur- und Moll-Dreiklänge, ausser dem der hier zu behandelnden Empfindlichkeit des Intervallensinns. Ich benutzte jedoch bis jetzt nur das kleine Instrument, welches ich selbst stimmte.

Vor Allem kommt es nämlich hierbei auf die genaue Ermittelung der absoluten Schwingungszahlen sämmtlicher 33 Töne an. Ich bestimmte dieselben in folgender Weise so genau, wie es überhaupt möglich ist, so dass die erste Decimale der auf 1 Secunde bezogenen Schwingungszahlen als völlig zuverlässig feststeht.

Zuerst wurde durch Zählung der Schwebungen zwischen je 2 benachbarten Zungen gefunden, wie viel die Differenz des höchsten und tiefsten Tones beträgt, welche nacheinander erklingend eine für das Gehör reine Octave geben. Es stellte sich mit vollkommener Uebereinstimmung der Schwebungszählungen heraus, dass diese Differenz 127,70 betrug. Heisst die Schwingungszahl des tiefsten Tones x, die des höchsten y, so ist also $y - x = 127{,}7$ (I). Um nun x und y zu finden, benutzte ich ferner zwei ältere Pariser Stimmgabeln von König, von denen die eine (ut_4) so genau die Octave der anderen (ut_3) gab, dass nicht das geringste An- und Abschwellen beim Zusammenklang beider während mehr als einer Minute stattfand. Heisst die Schwingungszahl der tiefen Gabel v, die der hohen w, so ist also genau $w = 2\,v$ (II). Sodann ermittelte ich durch Zählung der Schwebungen, die v mit x und w mit y gab, nachdem durch Vergleich mit dem zweiten und dem vorletzten Tone festgestellt war, dass v höher als x und w höher als y ist, die Differenzen $v - x = 1{,}5$ (III) (entsprechend 90 Schwebungen in der Minute) und (IV) $w - y = 2{,}9$ (entsprechend 174

Schwebungen in der Minute), wobei die Zahlen bestätigt wurden durch Ermittelung der Schwebungen zwischen v und y und w und x. Beide gaben so nahe die Differenz 2,9 beziehlich 3,0 als Unterschied, dass an der Richtigkeit der Zählungen, aus denen die Gleichungen I, III, IV resultiren, nicht gezweifelt werden kann. Aus diesen Gleichungen zusammen mit der Gleichung II erhält man nun die absoluten Schwingungszahlen: $v = 129{,}1$; $w = 258{,}2$; $x = 127{,}6$; $y = 255{,}3$.

Da die Schwebungen zwischen je 2 benachbarten Tönen gezählt und x und y unabhängig vom Gehör bekannt sind, so ist auch die Tonhöhe der 31 Töne zwischen x und y völlig unabhängig vom Gehör genau bestimmt. Eine Bürgschaft dafür liegt darin, dass die Octave und die den Schwingungszahlen nach reinen (d. h. untermerklich unreinen) Quinten, Quarten und Terzen vom schärfsten Ohre sofort als rein bezeichnet wurden, daher ich diese Urtheile mit in die Tabellen aufgenommen habe.

Es kommt sehr viel darauf an, bei jeder Prüfung die Schieber ganz herauszuziehen, denn wenn die Luftmenge, welche zuströmt, verkleinert wird, vertiefen sich die Töne, so dass reine Intervalle nun unrein und unreine rein werden können, Wenn ferner einzelne Zungen in ihrer Klangfarbe etwas von den anderen abweichen, so dass sie den Vergleich stören, so müssen diese ganz ausgeschlossen bleiben.

Unter den Musikern, welche die Güte gehabt haben, mir zu diesen Beobachtungen ihr Gehör zu leihen, zeichnen sich durch einen vorzüglichen Intervallensinn aus mein damaliger Zuhörer Herr Michael von Davidoff aus Moskau, Meister des Violinspiels, und Herr G. Appunn in Hanau, auf welche die zunächst folgenden Tabellen zur Orientirung über die Empfindlichkeit für die Reinheit der Intervalle sich fast allein beziehen. Ich gebe im mässig erleuchteten Zimmer eine Reihe von Tonpaaren an, zuerst immer den tieferen Ton für sich, dann den höheren für sich, und der Hörende sagt, ob das Intervall rein war oder nicht. Es dürfen nicht Zwei zugleich geprüft werden, weil dann sehr leicht eine Befangenheit im Urtheilen eintritt. Diese langwierige und durch eine ungewöhnliche Concentration der Aufmerksamkeit ermüdende, oft zu wiederholende Arbeit habe ich durch die dankenswerthe Freundlichkeit der genannten Herren doch bis zur Gewinnung mancher festen Grenzwerthe fördern können.

Die Urtheile von Davidoff haben keine nähere Bezeichnung, die von Appunn einen Stern, die, worin beide übereinstimmen zwei Sterne. Untersucht wurde, ausser der Prime, welche schon erörtert ist, die Quarte, die grosse und die kleine Sext, die grosse und die kleine Terz, die Quinte, die Octave; über die Secunde liegen nur wenige Urtheile vor.

Die Quarte 1,3333 = $^4/_3$. Die Urtheile über die Reinheit oder Unreinheit der Quarten stimmen in vorzüglicher Weise untereinander überein. Sowie die zweite Decimale derselben um zwei Einheiten sich ändert wird die Abweichung (1,35 und 1,31) übermerklich. Die kleineren Abweichungen, welche ich sicher feststellen konnte, sind für die verminderte Quarte diese:

$n : n_1$	i	S	Urtheile	E
191,48 : 255,30	1,3332	0,00	reine Quarte	$<$ 13333
179,53 : 239,33	1,3331	0,03	rein	$<$ 6666
143,66 : 191,48	1,3328	0,06	rein	$<$ 2666
167,68 : 223,48	1,3327	0,08	rein	$<$ 2222
183,53 : 243,35	1,3260	1,16	rein**	$<$ 183
171,62 : 227,48	1,3256	1,15	nicht rein**	$>$ 177
159,68 : 211,65	1,3254	1,08	nicht ganz rein**	$>$ 168
147,73 : 195,59	1,3240	1,18	nicht rein; Spur vermindert*	$>$ 143
135,63 : 179,53	1,3237	1,12	keine reine Quarte (auch für weniger Geübte)	$>$ 138

Demnach beträgt die Empfindlichkeit für die Reinheit bei Verminderung der Quarte in der Gegend des ungestrichenen f sehr nahe 180. Etwas über 0,5 Schwingung betrug der Fehler bei der Perception jedes der beiden Töne. Aber ebensoviel wurde bei weiterer Verminderung des Intervalls trotz Abnahme der Tonhöhe sicher erkannt.

Für übermässige Quarten ergab die Beobachtung:

$n : n_1$	i	S	Urtheile	E
155,68 : 207,59	1,3334	0,02	reine Quarte	$<$ 13333
131,60 : 175,53	1,3338	0,05	rein	$<$ 2666
187,53 : 251,23	1,3396	1,02	{rein** / eine Spur zu hoch*}	$\lessgtr$ 211
175,53 : 235,33	1,3407	1,10	{ganz rein / ungemein wenig unrein*}	$>$ 181
163,68 : 219,51	1,3410	1,09	{rein / eine Spur zu hoch*}	$\gtrless$ 173
151,80 : 203,59	1,3411	1,02	nicht ganz rein**	$>$ 170
139,62 : 187,53	1,3431	1,17	nicht rein**	$>$ 136
183,53 : 247,35	1,3477	2,27	zu hoch*; nicht ganz rein	$>$ 92
171,62 : 231,41	1,3484	2,18	keine reine Quarte	$>$ 88
135,63 : 183,53	1,3533	2,30	übermässig	$>$ 66
131,6 : 179,53	1,3643	3,48	keine reine Quarte	$>$ 43

Demnach beträgt die Empfindlichkeit bei Erhöhung der Quarte in der Gegend des ungestrichenen e mehr als 170 und weniger als 211, ungefähr 180. Wieder ist 0,5 Schwingung auf jeden einzelnen Ton die Grenze. Das letzte Intervall (1,3643) finden auch wenig Geübte unrein.

Für die Geübtesten wird die Empfindlichkeit 200 nicht erheblich übersteigen.

Im Ganzen ergibt sich für die Quarte in der ungestrichenen Octave, dass eine Verminderung oder Erhöhung um $^1/_{170}$ bis $^1/_{180}$ erkannt wird.

Die Quarte der gleichschwebenden Temperatur liegt der Tabelle zufolge weit entfernt von der Grenze merklicher Unreinheit in der ungestrichenen Octave, da hier 1,33484 = 1,33333, aber in höheren Lagen wird sie schon vom reinen Intervall unterschieden werden können. Sie verlangt allerdings eine Empfindlichkeit = 883, aber zweifellos wird schon die temperirte Quart 667,42 : 500 = 666,66 : 500 sein.

Die Quinte 1,5000 = $^3/_2$. Hier gelang es nicht, die genaue Grenze zu finden, weil die unreinen verfügbaren Quinten sämmtlich übermerklich unrein waren und nicht — was durch Schaben der Zungen sich hätte bewerkstelligen lassen — verbessert werden konnten ohne die Prüfung der anderen Intervalle zu beeinträchtigen. Jedoch sind die sechs beinahe reinen Quinten von Interesse.

$n : n_I$	i	S	Urtheile	E
143,66 : 215,51	1,5001	0,01	rein**	< 15000
127,60 : 191,48	1.5006	0,06	rein**	< 2500
135,63 : 203,59	1,5011	0,12	rein**	< 1333
159,68 : 239,33	1,4988	0,15	rein**	< 1250
151,80 : 227,48	1,4986	0,18	{ rein / Spur zu tief*	$\lesssim$ 1071
167,68 : 251,23	1,4983	0,23	rein**	$\lesssim$ 882

Das letzte Intervall entspricht gerade der temperirten Quinte. Sie liegt noch weit jenseit der von Delezenne gefundenen Grenze (536) für das grosse G, aber schon an der wahren Grenze für höhere Töne.

So wird z. B. schon die temperirte Quinte 749,15 : 500 = 750 : 500 von Geübten, auch beim Nacheinandererklingen der zwei Töne, für unrein erklärt werden, weil bei der Quinte ein Fehler von S = 0,72 Schwingung schon in tieferen Lagen merklich ist. In diesem Falle ist also schon E = 882.

Die Quinten der von Th. Young[1]) vorgeschlagenen Temperatur sind z. Th. ganz rein, da aber die schlechteste 1,50399 ein E = 375 gibt und z. B. 1504 : 1000 = 1500 : 1000 ist, weil S = 3,2, so ist dieses System unzureichend, wie das Kirnbergersche, welches zwar meist reine Quinten hat, aber zweimal (*d a* und *a e*) 1,47692, also E = 65 verlangt. Frühere Autoren[2]) stimmen darin überein, dass die Quinte eine Verunreinigung von etwas mehr als ein Zwölftel, aber nicht von mehr als $\frac{2\frac{1}{2}}{12}$ eines Pythagoräischen Comma dulde. Letztere Verminderung gibt E = 353; es ist aber $\frac{1}{353}$ dem Geübten schon in der kleinen Octave merklich.

Als unreine Quinten wurden von weniger Geübten sofort erkannt:

n : n_1	i	Urtheile	S	E
131,6 : 195,59	1,4863	vermind. Quinte	1,44	> 109
131.6 : 199 59	1,5168	überm. Quinte	1,75	> 89
127.6 : 195 59	1,5328	übermässig	3,35	> 43
135,63 : 199,59	1,4716	vermindert	2,20	> 52

Diese Quinten sind sämmtlich weit übermerklich unrein, auch für unmusikalische Ohren, welche demnach ± 0,72 Schwingung auf den einzelnen Ton schon in der kleinen Octave erkennen.

Die kleine Sexte, 1,6000 = $\frac{8}{5}$. Für die Verminderung ergab sich die Reihe:

n : n_1	i	S	Urtheile	E
159.68 : 255.30	1.5988	0,15	rein**	< 1333
127,60 : 203,59	1.5955	0.43	rein**	< 355
147,73 : 235,33	1.5929	0,80	rein*	< 225
135,63 : 215,51	1,5889	1,15	rein; etwas zu tief*	≤ 144
155,68 : 247,35	1,5888	1,33	rein; etwas zu tief*	143
143,66 : 227,48	1,5834	2,21	rein; zu tief* nicht ganz rein	≥ 96
131,60 : 207,59	1,5774	2 28	nicht rein	> 70
159,68 : 251,23	1,5733	3,26	nicht ganz rein	> 59
139,62 : 219,51	1,5722	2,98	nicht rein, der 2. Ton zu tief	> 57

---

[1]) Philosoph. Transact. R. S. for 1800. London 1800. S. 146.

[2]) Türk: Anleitung zu Temperaturberechnungen. Halle u. Leipzig. 1806, § 254. Vgl. auch Chladni: Die Akustik. Leipzig 1802. S. 50.

Die Urtheile über die Reinheit dieses Intervalls sind auffallend unsicher. Die sicher erkennbare Verunreinigung erreicht 1 : 100 nicht. Freilich wurde 1 : 140 oft wahrgenommen. Die Empfindlichkeit für die Verminderung der kleinen Sexte in der Gegend des kleinen d ist jedenfalls grösser als 70. Ein Fehler des einzelnen Tones von 1,1 Schwingung kann aber bei diesem Intervall in der ungestrichenen Octave überhört werden, von A. jedoch nur 0,4 mit der Empfindlichkeit von > 140. Die kleine Sexte der gleichschwebenden Temperatur liegt also schon an der Grenze. Denn sie beträgt 1,5874. In höheren Lagen erkennt man demnach leicht die Unreinheit, da auch für sehr wenig Geübte 793,7 : 500 = 1,5874 — 1,6000 = 800 : 500. Der Unterschied von 6,3 Schwingungen entsprechend S = 4,9 ist übermerklich und $E = \frac{1,6}{1,6-1,5874} = 127$ sogar kleiner, beziehlich kaum grösser als das schon für die ungestrichene Octave gefundene E. Also ist die kleine Sexte der gleichschwebenden Temperatur sehr schlecht.

Für die übermässige kleine Sexte liess sich Folgendes feststellen:

$n : n_1$	i	S	Urtheile	E
139,62 : 223,48	1,6007	0,07	rein**	< 2286
131,60 : 211,65	1,6083	0,83	rein**; nicht ganz rein	≤ 192
143,66 : 231,41	1,6108	1,19	nicht rein, zu hoch*	> 148
155,68 : 251,23	1,6137	1,64	nicht rein	> 116
135,63 : 219,51	1,6184	1,92	nicht rein**, zu hoch*	> 86
127,6 : 207,59	1,6268	2, 3	nicht rein	> 55

Das letzte Urtheil ist auch bei weniger geübten sicher. Diese fanden auch 1,6083 „ziemlich eine kleine Sexte“.

Da wegen des kleinen $S/_2 = 0,4$ das Intervall 1,6083 viel öfter rein als nicht rein gefunden wurde und unzweifelhaft gefunden werden wird, so liegt die Empfindlichkeit näher bei 148 als 192, und dabei wird etwa 0,6 Schwingung auf jeden Ton wahrgenommen. Nach den vorliegenden Bestimmungen ist also die Empfindlichkeit für dieses Intervall bei Erhöhung desselben ein wenig grösser als bei Verminderung. Im ersteren Falle wurde eine Abweichung von $^1/_{140}$, im letzteren erst von $^2/_{140}$ sicher erkannt in der ungestrichenen Octave.

Die grosse Sexte 1,6666 = $^5/_3$. Die Empfindlichkeit für dieses Intervall liess sich nicht genau ermitteln, weil wegen seiner Grösse nur wenige zwischen 1,68 und 1,65 liegende Intervalle innerhalb der Octave herstellbar waren, ohne die Zungen zu verstimmen. Sicher feststellen liess sich Folgendes:

$n : n_1$	i	S	Urtheile	E
127,6 : 211,65	1,6587	0,76	nicht rein**; sehr falsch*	> 211
139,62 : 231.41	1,6574	0,97	nicht ganz rein; der 2. Ton zu tief	> 181
151,80 : 251,23	1,6550	1,33	unrein*; zu tief*	> 143
147,73 : 247,35	1,6743	0,85	falsch*; nicht ganz rein	> 216
135,63 : 227,48	1,6772	1,07	ganz rein; zu hoch*	157
151,80 : 255,30	1,6818	1,85	zu hoch*	> 109
139,62 : 235,33	1,6855	1,72	nicht rein	> 88
127,6 : 215,51	1,6890	2,14	nicht rein, auch wenig Geübten	> 74

Die Empfindlichkeit für die Reinheit der grossen Sexte ist in dieser Lage (c, d) hiernach wenigstens 211, wenn sie vermindert wird.

Da wiederholt und entschieden 1,6772 = 1,6666 war, so kann bei Erhöhung nur 1 : 109 des Intervalls als ganz sicher erkennbar bezeichnet werden; eine Abweichung um 1 : 157 wurde schon nicht jedesmal bemerkt.

Die Zahl der Versuche ist zwar noch klein, sie genügt aber um einzusehen, dass die grosse Sexte der gleichschwebenden Temperatur 1,68179 sehr schlecht ist. Denn die temperirte Sexte 840,895 : 500 ist so verschieden von der reinen 833,333 : 500, und hat ein so grosses S = 4,9 Schwingungen, und ein so niedriges E = 110, dass es dem E der tieferen Octave gleichkommt. Die grossen Sexten der gleichschwebenden Temperatur sind also nicht einmal in den tiefen Lagen gut.

Die grosse Terz 1,2500 = $^5/_4$. Für die verminderten grossen Terzen ergab sich folgende Reihe:

$n : n_1$	i	S	Urtheile	E
159,68 : 199,59	1,2499	0,008	rein*	< 12500
143,66 : 179,53	1,2497	0,01	rein*	< 4166
179,53 : 223,48	1,2448	0,82	rein; zu tief*	≦ 240
195,59 : 243,35	1,2442	1,01	rein; zu tief*	≦ 215
131,60 : 163,68	1,2437	0,73	nicht rein**; zu tief*	> 198
147,73 : 183 53	1,2423	1,00	nicht rein**; zu tief*	> 162
183,53 : 227,48	1,2394	1,82	nicht rein**; zu tief	> 118
199,59 : 247,35	1,2393	1,89	nicht rein	> 117
135,63 : 167,68	1,2363	1,65	unrein*; nicht ganz rein; der zweite Ton zu tief	> 91
151,80 : 187,53	1,2354	1,97	nicht rein	> 86

Die Empfindlichkeit für die grosse Terz in der Gegend des ungestrichenen c beträgt demnach nahe 200, wenn es sich um Verminderung handelt.

Für die Erhöhung des Intervalls ergab sich folgende Reihe:

$n : n_1$	i	Urtheile	E	S
175,53 : 219,51	1,2506	rein*	< 2083	0,09
127,6 : 159,68	1,2514	rein**	< 894	0,16
203,59 : 255,3	1,2540	nicht rein**; zu hoch*	> 313	0,72
187,53 : 235,33	1,2549	nicht rein**	> 255	0,82
171,62 : 215,51	1,2557	nicht rein**	> 219	0,88
155,68 : 195,59	1,2564	nicht rein**; der 2. Ton zu tief	> 195	0,88
139,62 : 175,53	1,2572	rein; nicht ganz rein*; etwas zu tief*	≷ 173	0,89
199,59 : 251,23	1,2587	nicht rein	> 143	1,55
167,68 : 211,65	1,2622	nicht ganz rein; etwas vermindert	> 102	1,82
127,6 : 163,68	1,2827	übermässige grosse Terz	> 38	3,71

Hier würde eine hohe Empfindlichkeit resultiren, wenn nicht mit Bestimmtheit wiederholt i = 1,2572 für rein erklärt worden wäre, wodurch die Empfindlichkeit auf < 173 sich herausstellt. Die falschen Urtheile: der zweite Ton bei 1,2564 sei zu tief, und 1,2622 und 1,2572 seien verminderte Terzen, zeigen, dass bei diesem Intervall das Urtheil nicht so sicher wie bei der Quarte ist. Auch aus Delezenne's Beobachtungen ergab sich nur 142. Erkannt wurde 0,36 Schwingung auf jeden Ton als Grenzwerth, sicher 0,7. Für A. ist auch E nicht sicher grösser als 313, aber grösser als 219. Sicher erkannt wird 1 : 143. Trotz dieser Unsicherheit genügen aber die mitgetheilten Urtheile, um darzuthun, dass die grosse Terz der gleichschwebenden Temperatur in allen Lagen sehr schlecht ist. Sie beträgt 1,25992, was E = 126 und z. B. für die zweigestrichene Octave S = 4,4 gibt, da 629,96 : 500 die temperirte Terz und 625,00 : 500 die reine Terz ist. Das E zu 126 fällt noch u n t e r die Empfindlichkeit für die ungestrichene Octave. Die grossen Terzen der gleichschwebenden Temperatur sind also in der That sämmtlich so schlecht, dass man wohl fragen kann, wie lange sie noch geduldet werden sollen? Bei der von Th. Young im Jahre 1800 vorgeschlagenen Temperatur liegen die grossen Terzen zwischen 1,2539 und 1,2656, sind also z. Th. zwar viel besser, z. Th. aber noch schlechter als die des Zarlino. Nach anderen älteren Autoren [1]) soll die grosse Terz noch leidlich bleiben, wenn sie um ein Drittel, auch wohl $^{10}/_{21}$ der kleineren Diesis erhöht wird. Ersteres

[1]) Vgl. Türk l. c.

gibt 1,25302 und wird allerdings der Empfindlichkeitsgrenze nahe liegen, so lange die Tonhöhe nicht erheblich steigt; aber es ist 400 : 501,2 = 400 : 500 schon für weniger Geübte, also jene Angabe Temperaturberechnungen nicht zu Grunde zu legen.

Die kleine Terz 1,2000 = $^6/_5$. Nächst der kleinen Sexte ist dieses Intervall bezüglich seiner Reinheit am schwersten zu beurtheilen. Es bedarf sehr häufiger Wiederholung der Prüfungen, um bei geringen Abweichungen von der Reinheit die Grenze uz finden. Für die Verminderung ergab sich:

$n : n_1$	i	S	Urtheile	E
159,68 : 191,48	1,1992	0,12	rein**	$<$ 1500
199,59 : 239,33	1,1991	0,16	rein	$<$ 1333
183,53 : 219,51	1,1960	0,66	rein*	$<$ 300
203,59 : 243,35	1,1953	0,86	rein	$<$ 255
163,68 : 195,59	1,1950	0,74	rein*	$<$ 240
143,66 : 171,62	1,1946	0,70	rein; eine Spur zu tief*	$\leqq$ 222
187,53 : 223,48	1,1917	1,40	rein; ein klein wenig zu tief*	144
207,59 : 247,35	1,1915	1,58	der 2. Ton zu tief; ein klein wenig unrein*	141
167,68 : 199,59	1,1903	1,48	nicht rein; zu tief*	123
147,73 : 175,53	1,1882	1,58	rein; zu tief*	$\geqq$ 101
191,48 : 227,48	1,1880	1,04	rein; nicht ganz rein; ein wenig zu tief*; zu tief*	$\geqq$ 100
211,65 : 251,23	1,1870	2,50	nicht rein	$>$ 92
171,62 : 203,59	1,1863	2,14	nicht ganz rein	$>$ 81
195,59 : 231,41	1,1832	2,99	nicht rein	$>$ 71
131,6 : 155,68	1,1830	2,04	der 2. Ton zu tief	$>$ 70

Für die Erhöhung:

$n : n_1$	i	S	Urtheile	E
179,53 : 215,51	1,2004	0,07	rein**	$<$ 3000
139,62 : 167,68	1,2010	0,13	rein**	$<$ 1200
155,68 : 187,53	1,2046	0,65	rein*; nicht rein	$\leqq$ 261
175,53 : 211,65	1,2057	0,92	rein*; nicht rein	$\leqq$ 210
135,63 : 16,368	1,2068	0,84	nicht rein**; der 2. Ton zu tief	176
211,65 : 255,3	1,2082	1,2	der 2. Ton zu hoch**	146
191,48 : 231,41	1,2085	1,4	rein*; nicht ganz rein	141
151,8 : 183,53	1,2090	1,2	nicht rein**	$>$ 133
171,62 : 207,59	1,2096	1,5	ein wenig zu hoch*; nicht rein**; der 2. Ton zu tief	$>$ 125
207,59 : 251,23	1,2102	1,9	der 2. Ton zu hoch**	$>$ 117
187,53 : 227,48	1,2130	2,2	übermässig; der 1. Ton zu tief	$>$ 92
127,6 : 155,68	1,2200	2,3	nicht rein	$>$ 60

Also ist die Empfindlichkeit, wenn die kleine Terz erhöht wird, grösser als 133; wenn sie vermindert wird, beträgt sie zwischen 92 und 222. Für die Erhöhung erreicht der sichere

Werth 141 nicht, für die Verminderung 100 nicht. Indessen ist die Bestimmtheit der Urtheile beider Beobachter nicht so gross, dass man eine andere Empfindlichkeit für die Verminderung als für die Erhöhung annehmen dürfte.

Einen Weg, sämmtliche Urtheile in genauen Einklang zu bringen, glaubte ich darin finden zu können, dass mit der Tonhöhe die Empfindlichkeit für die Reinheit schon innerhalb der ungestrichenen Octave merklich steigt. Man kommt aber auch dann mit der Anordnung sämmtlicher Urtheile in eine rationale Reihe nicht zu Stande, wie graphische Zusammenstellungen leicht zeigen. Es ist eben die kleine Terz (wie die kleine Sexte) nicht so sicher zu beurtheilen wie die meisten anderen Intervalle.

Aber auch bei den ungünstigsten Annahmen für die Empfindlichkeit ist die kleine Terz der gleichschwebenden Temperatur fast in allen Lagen der Unbrauchbarkeit nahe oder wirklich unbrauchbar. Denn die temperirte kleine Terz = 1,18921 gibt ein E = 111 und schon in der ein- und zwei-gestrichenen Octave ein S = 4,9, da 594,6 : 500, welches auch ganz Ungeübte von 600 : 500 unterscheiden, den höheren Ton um 5,4 Schwingungen zu tief hat.

Die Octave 2,0000 = $^2/_1$. Die Empfindlichkeit für die Octave ist grösser als die für alle anderen Intervalle, und wenn ich auch nicht beweisen kann, dass sie in der ungestrichenen und eingestrichenen Octave die für die Quinte übertrifft, so steht doch fest, dass sie in höheren Lagen die letztere um ein Bedeutendes überragt. Zunächst liess sich leicht feststellen, dass auch ungeübte und unmusikalische Hörer für nicht rein erklärten

$n : n_1$	i	S	E
127,6 : 251,23	1,9689	2,97	> 64

dagegen die Geübtesten für vollkommen rein

127,6 : 255,3	2,0008	0,07	< 2500

Die weitere Prüfung wurde mit dem Tondifferenzapparat vorgenommen. Da es aber hierbei vorkam, dass vollkommen reine Octaven, die keine Schwebungen gaben, für nicht ganz rein erklärt wurden, wenn die zwei Töne successive erklangen, und da überhaupt die Zahl der Urtheile noch zu klein ist, so kann ich eine bestimmte Empfindlichkeitsgrenze noch nicht angeben.

Es lässt sich jedoch schon aus den wenigen vorhandenen

Daten nachweisen, dass die Empfindlichkeit für die Reinheit der Octave sowohl grösser als die für alle anderen Intervalle ist, als auch mit der Tonhöhe schneller zunimmt bis zu einer gewissen Grenze. Wenn nämlich der eine Ton sehr nahe 500, der andere sehr nahe 1000 Schwingungen hat, und die Octave für vollkommen rein erklärt wird, so genügt es, den tieferen Ton um ein Zehntel Schwingung zu ändern, um die Unreinheit merklich zu machen. Die sofort für ganz rein erklärte und in Wahrheit reine Octave 500,5:1001 wurde unterschieden von der für unrein erklärten 500,4:1001. Dies gibt i = 2,0004 und E = 5000. Schon die weniger geübten unreine Octave 1000,5:500 = 2,0010 gibt ein E > 2000. Es können also auch ohne Berücksichtigung der Schwebungen kleinere Bruchtheile einer Schwingung mittelst der Octave als mittelst der Prime erkannt werden, wenn nur die beiden Töne hoch genug und nicht zu hoch sind. Das jedesmal sofort für unrein erklärte Verhältniss, 1000,5:500 wird in tiefen wie in hohen Lagen für rein gehalten. Denn 250,125 : 125 = 2,0010 = 2,0000, also ist hier E < 2000. Aber es ist auch 4002,0 : 2000 = 2,0010 = 2,0000. Denn ich fand, dass das geübteste Ohr (D.) die Octave $c^{IV} : c^{V}$ auch dann, wenn sie beim Zusammenklange 120 Schwebungen in der Minute gab, doch für vollkommen rein erklärte, falls die 2 Töne unmittelbar nacheinander angegeben wurden. Also ist auch in dieser hohen Lage E < 2000, mag der Fehler von 2,0 Schwingungen noch so günstig auf die 2 Töne vertheilt werden.

Um ohne zu grosse Häufung von Zahlen die Zunahme der Empfindlichkeit mit steigender Tonhöhe zu veranschaulichen, kann die folgende Tabelle dienen, welche direct aus den Beobachtungen stammt:

$n : n_1$	S	i	Urtheile	
89,94 : 180,23	0,26	2,0039	rein	E < 513
89,88 : 180,47	0,47	2,0079	eben merklich verstimmt	E = 254
250 : 501	0,66	2.0040	merklich unrein	E > 500
500 : 1001	0,66	2,0020	übermerklich unrein	E > 1000
1024 : 2049	0,66	2,0010	sehr merklich unrein	E > 2000

Die beiden ersten Nummern sind aus Delezenne's Versuchen abgeleitet, die erste aus der Angabe, dass bei 0,5 Millimeter Stegverschiebung der im Verhältniss 1:2 getheilten Saite keine Verstimmung hörbar war. Die drei letzten Nummern sind meinen Bestimmungen entnommen, wobei aber zu bemerken, dass in allen drei Fällen für Geübte E noch zu klein angegeben ist. Ich habe, um ganz sicher zu gehen, nicht die extremen Fälle genommen.

Der **ganze Ton** 1,1250 = $^9/_8$. Für die Verminderung ergab sich die Reihe:

$n : n_1$	i	Urtheile	S	E
159,68 : 179,53	1,1243	rein**	0,08	< 1607
223,48 : 251,23	1,1242	rein	0,17	< 1405
131,60 : 147,73	1,1226	rein (T.); der 2. Ton zu tief	0,28	≤ 469
195.59 : 219,51	1,1223	nicht rein**; zu klein	0,49	414
227,48 : 255,3	1,1223	nicht rein*; zu gross*	0,49	414
163,68 : 183,53	1,1213	nicht rein; rein*	0,57	304
199,59 : 223,48	1,1197	nicht rein	0,95	> 211
135,63 : 151,80	1,1192	nicht rein	0,68	> 194
203,59 : 227,48	1,1174	nicht ganz rein	1,5	> 164
171,62 : 191,48	1,1156	nicht rein	1,5	> 119
183,53 : 203,59	1,1093	nicht rein	2,7	> 71

Die Empfindlichkeit für die Reinheit der grossen Secunde ist hiernach ziemlich gross. Die Urtheile sind aber nicht so entschieden wie die über Consonanzen. Die grosse Secunde der gleichschwebenden Temperatur 1,12246 liegt der Grenze erkennbarer Unreinheit in höheren Lagen sehr nahe, da sie E = 443 gibt, so dass schon bald 1,12246 = 1,12500 auch für weniger Geübte sein muss; z. B. 561,23 : 500 = 562,50 : 500. Der absolute Unterschied 1,27 Schwingung entsprechend S = 1,19 ist sehr merklich.

Ueber die Erhöhung des Intervalls $^9/_8$ stehen mir leider nur wenige Fälle zur Verfügung.

191,48 : 215,51	1,1255	rein*	0,09	< 2250
219,51 : 247,35	1,1268	rein*; etwas zu hoch*; nicht ganz rein	0,36	625
155,68 : 175,53	1,1275	rein (T.); nicht rein	0,36	432
187,53 : 211,65	1,1286	unrein*; rein	0,62	312
215,51 : 243,35	1,1291	ein wenig zu gross	0,85	> 274
183,53 : 207,59	1,1311	nicht rein	1,04	> 184

Man kann hieraus kaum mehr folgern, als dass die Empfindlichkeit für die Reinheit der grossen Secunde grösser als 274 ist, wenn sie erhöht wird, schon in der kleinen Octave, während sie bei der Verminderung wenigstens 211 beträgt.

Im Ganzen ergibt sich, dass nicht die Empfindlichkeit für die Prime in allen Lagen am grössten ist, obwohl es scheint, dass bei ihr die Fehler beim Schätzen ein Minimum bilden. Die zwei Puncte der Tonlinie oder die zwei Nervenenden, welche als erregt erkannt werden sollen, liegen dicht nebeneinander. Man soll urtheilen, ob dasselbe Endorgan zweimal hintereinander erregt wurde oder nicht. Dies zu erkennen ist aber leichter, als den Abstand zweier Orte zu finden. Wenn zweimal hintereinander eine Erregung stattfindet, so ist es viel leichter zu sagen, ob dasselbe Nervenfaserende das zweitemal wie das erstemal erregt wurde oder nicht, als genau anzugeben, wie weit zwei erregte Nervenendorgane von einander abstehen, wie ich bereits hervorhob. Also kommt bei der Prime der Fehler beim Schätzen des Abstandes der zwei Töne auf der Tonlinie kaum in Betracht. Man braucht sich gar nicht erst genau zu orientiren, wie viel höher der zweite Ton als der erste ist, sondern nur, ob zweimal derselbe gehört wird oder nicht. Und vollends das Verhältniss der zwei zu vergleichenden Tonhöhen soll nicht erst im Besonderen ausfindig gemacht, sondern nur beurtheilt werden, ob es = 1 oder nicht = 1 ist. Aus diesen Gründen scheint es durchaus natürlich, dass die Empfindlichkeit für den Einklang am grössten sei. Es ist aber nicht der Fall, sondern die Octave steht höher. Von ihr war längst bekannt, dass sie von allen Intervallen i. e. S. am wenigsten Abweichungen verträgt, daher sie auch bei der gleichschwebenden Temperatur rein bleibt. Obwohl der Abstand der zwei Töne sehr gross ist, ist die Schätzung, ob der eine gerade doppelt so hoch wie der andere ist, leicht und die Octavenempfindung auch bei unmusikalischen Menschen oft mit einem eigenthümlichen Lustgefühl verbunden, welches schon bei kleineren Abweichungen vom reinen Verhältniss als bei der Prime gestört wird.

Demnach ist das Urtheil für den Quotienten 2 : 1 so empfindlich, dass es die bei der Distanzschätzung der zwei Töne begangenen Fehler leichter erkennt als dies bei irgend einem anderen Intervall der Fall ist, die Quinte nicht ausgenommen.

Bei dieser soll geurtheilt werden, ob der eine Ton $1^1/_2$ mal so hoch wie der andere ist. Und so sehr charakteristisch auch die Quintenempfindung ist, Geübte wie Ungeübte werden viel grössere Abweichungen derselben von der Reinheit erträglich finden als bei der Octave. Dies beweist die Erfahrung. Die entgegengesetzte Meinung von Delezenne beruht auf einer etwas zu weit vorgeschobenen Grenzbestimmung, wovon bereits die Rede war, und wahrscheinlich nicht genügender Genauigkeit der Messung bei der Octave.

Von den übrigen untersuchten Intervallen ist gegen Verstimmung am empfindlichsten die Quarte. Ob die grosse Terz oder die grosse Sexte ihr zunächst liegt, lässt sich nicht bestimmt angeben, weil die Prüfung der grossen Sexte unvollständig blieb. Soviel ist jedoch aus den mitgetheilten Beobachtungen zu entnehmen, dass die grosse Terz ($1\frac{1}{4}$) und die grosse Sexte ($1\frac{2}{3}$) beide tiefer stehen, als die Quarte ($1\frac{1}{3}$), und fraglos nimmt den letzten Platz ein die kleine Sexte ($1\frac{3}{5}$) und den vorletzten die kleine Terz ($1\frac{1}{6}$), bei welchen die Unsicherheit des Urtheils am weitesten geht.

Keines der fünf letztgenannten Intervalle ermöglicht die sichere Wahrnehmung einer kleineren Abweichung der zwei Töne von den zur Reinheit erforderlichen Schwingungszahlen, als bei der Prime factisch wahrgenommen wurden. Nur die vollkommenen Consonanzen (Octave und Quinte) überschreiten diese Grenze; die unvollkommenen gestatten zwar immer noch den doppelten Fehler zu erkennen, aber nicht mehr sicher.

Dass die Consonanzen in der That die genannte Reihe bezüglich der Empfindlichkeit bilden, findet man schon wenn man zusammen nimmt erstlich denjenigen möglichst kleinen Bruch, um welchen das Intervall nicht verstimmt werden darf, ohne dass der Geübte es s i c h e r erkennt, zweitens denjenigen möglichst grossen Bruch, um welchen in den Versuchen das Intervall verstimmt war, ohne dass es der Geübte j e d e s m a l wahrnahm. So findet man, mit der höchsten Intervallenempfindlichkeit, welche überhaupt vorkommt, der für die Octave beginnend, für jene Bruchtheile in der k l e i n e n O c t a v e:

	erkannt	nicht erkannt	E
Octave . . .	—	—	—
Quinte . . .	1 : (353)	1 : 536	(444)
Quarte . . .	1 : 170	1 : 173	172
Grosse Terz .	1 : 143	1 : 173	158
Grosse Sexte .	1 : 143	1 : 157	150
Kleine Terz .	1 : 92	1 : 100	96
Kleine Sexte .	1 : 86	1 : 96	91

Diese unmittelbar aus den Tabellen fliessende Reihenfolge zeigt, dass die Empfindlichkeit für die vollkommenen Consonanzen am grössten, für die unvollkommenen am kleinsten ist. Im Ganzen wird man auch den Grad des Wohlklangs der Reihe entsprechend vermindert finden. Da aber hierüber Meinungsverschiedenheiten herrschen, so suchte ich nach anderen Gründen für die gefundene Reihenfolge der Consonanzenempfindlichkeit.

Ich kam nach vielen vergeblichen Speculationen zu der Annahme, dass mit der Häufigkeit des Vorkommens einer Consonanz die Empfindlichkeit für ihre Reinheit zunehme. Wie oft ein Intervall in der natürlichen Tonreihe vorkommen kann, lässt sich aber leicht finden, wenn man sich, worauf es hier allein ankommt, auf die relative Häufigkeit beschränkt, d. h. darauf zu ermitteln, wieviel Octaven auf 1 Quinte, wieviel Quinten auf 1 Quarte u. s. w. in der natürlichen Tonreihe kommen.

Die letztere wird repräsentirt durch die vollständige Reihe der Theiltöne eines Klanges. Combinirt man nun die ersten 8 oder 12 oder 16 oder mehr Theiltöne zu je einem consonirenden Tonpaar mit kleinerem Quotienten als 2 (um innerhalb der Octave und der von mir untersuchten Intervallenreihe zu bleiben), so ergibt sich folgendes:

Es tritt auf zuerst bei Theilton	Es kommt vor bei Theiltönen	8	12	16	24
2	die Octave	4 mal	6 mal	8 mal	12 mal
3	die Quinte	2 „	4 „	5 „	8 „
4	die Quarte	2 „	3 „	4 „	6 „
5	die grosse Terz	1 „	2 „	3 „	4 „
5	die grosse Sexte	1 „	2 „	3 „	4 „
6	die kleine Terz	1 „	2 „	2 „	4 „
7	die natürliche Sept.	1 „	1 „	2 „	3 „
8	die kleine Sexte	1 „	1 „	2 „	3 „

Demnach ist die Reihenfolge, in der die consonirenden Intervalle erscheinen, und die relative Häufigkeit ihres Vorkommens im Einklange mit der ausgesprochenen Ansicht. (Die Septime habe ich nicht untersucht, weil das Intervall für den Tonmesser zu gross ist).

Da ausserdem feststeht, dass die Empfindlichkeit für sämmtliche Consonanzen erheblich grösser in der Mitte der Tonreihe ist als unten und oben, so folgt, dass Bemühungen, die gleichschwebende Temperatur durch eine bessere zu ersetzen, darauf zu richten sind, dass die kleinsten Abweichungen von der Reinheit in die ein- und zwei-gestrichene Octave fallen; grössere sind unterhalb und oberhalb statthaft, und zwar je mehr man sich abwärts oder aufwärts den Enden der Scala nähert, um so grössere. Dieses gilt für alle Intervalle, die Octave nicht ausgenommen. Aber die Verstimmung muss für jedes Intervall die durch das Experiment nachgewiesene und noch genauer nachzuweisende, mit jeder Octave sich etwas verändernde Empfindlichkeitsgrenze nicht, oder möglichst wenig, überschreiten. Ein solches System ist allein von Willkür frei und gibt im wahren Sinne des Wortes eine physiologische Temperatur.

Unterhalb und oberhalb der musikalischen Tonreihe nimmt wie bekannt die Empfindlichkeit für die Intervalle schnell ab. Da aber specielle Bestimmungen nicht veröffentlicht wurden, so mögen hier einige der Verwechslungen, welche die geübtesten Musiker (Violinspieler und Orgelspieler) beim besten Willen nicht vermeiden konnten, mitgetheilt werden. Die Beobachtungen an sehr hohen Tönen wurden mittelst der Königschen Stäbe und der kleinsten Stimmgabeln nur bis e^{VII} bewerkstelligt. Ich stelle hier (s. f. S.) ausschliesslich Urtheile der vier besten Beobachter tabellarisch zusammen.

Während zwischen c (128) und c^{III} (1024) die vier Beobachter nicht ein einziges Mal das Intervall falsch angaben, kommen hier

bei	N 63,6%	falsche	36,3%	unentschiedene	Urtheile	vor
„	A 54,5	„	keine	„	„	„
„	D 42,3	„	35,4	„	„	„
„	Z 64,2	„	7,1	„	„	„

im Ganzen auf 48 entschiedene 31 falsche Urtheile oder 64,5 Procent. Von den 31 falschen Urtheilen sind unter dem wahren Intervall 20, über demselben 11, und zwar ist, wenn aus so wenigen Fällen etwas gefolgert werden darf, jenseit des c^{V} eine Neigung vorhanden, einen grossen Abstand der zwei Töne auf der Tonlinie zu überschätzen, einen kleinen zu unterschätzen.

Man hat

	unterschätzt	überschätzt
die Octave	6 mal	kein mal
die Quinte	7 „	1 „
die Quarte	4 „	2 „
die Terzen	2 „	7 „

Es ist jedoch wohl zu beachten, dass durch anhaltende Uebung die Fehler schnell sich vermindern. Schon bei der dritten und vierten Prüfung wird die Schätzung häufiger correct. Und man kann es, wie auch Despretz bemerkte, wahrscheinlich dahin bringen, die consonirenden Intervalle auch in den höchsten

Noten	Schwingungszahlen	wahres Intervall	Die Beobachter schätzten: N.	A.	D.	Z.
$c^{V} : e^{V}$	4096 : 5120	gr. Terz	gr. Secunde	Quinte	Quarte	—
$c^{V} : g^{V}$	4096 : 6144	Quinte	ganzer Ton, kl. Terz	Terz, Quinte	unentsch.; Quinte	unentsch., gr. Sec.
$c^{V} : c^{VI}$	4096 : 8192	Octave	Quarte	—	Octave, Octave	gr. Terz
$e^{V} : g^{V}$	5120 : 6144	kl. Terz	wenig Untersch.	—	unentsch. (Quarte)	—
$e^{V} : c^{VI}$	5120 : 8192	kl. Sexte	—	Quinte	unentschieden	—
$e^{V} : e^{VI}$	5120 : 10240	Octave	—	—	Quinte, Octave	Septime
$g^{V} : c^{VI}$	6144 : 8192	Quarte	ganzer Ton	Terz	Quinte, Octave	—
$g^{V} : g^{VI}$	6144 : 12288	Octave	—	Octave	Quinte	—
$c^{VI} : e^{V}$	8192 : 5120	kl. Sexte	unentschieden	—	unentschieden	—
$c^{VI} : c^{VI}$	8192 : 8192	Prime	—	—	Prime	—
$c^{VI} : e^{VI}$	8192 : 10240	gr. Terz	unentschieden	Sexte	unentschieden	—
$c^{VI} : g^{VI}$	8192 : 12288	Quinte	—	—	Sexte	Quarte; zw. Quarte und Quinte
$c^{VI} : c^{VII}$	8192 : 16384	Octave	—	Oct. c ; Oct. c.	Octave, unentsch.	Quarte; Oct.; Oct.
$e^{VI} : c^{VI}$	10240 : 8192	gr. Terz	—	—	Quinte, unentsch.	—
$e^{VI} : g^{VI}$	10240 : 12288	kl. Terz	—	Quinte	—	Quart.; gr. Terz; Terz
$e^{VI} : c^{VII}$	10240 : 16384	kl. Sexte	—	—	gr. Sexte	—
$e^{VI} : e^{VII}$	10240 : 20480	Octave	unentschieden	—	unentschieden	—
$g^{VI} : c^{VI}$	12288 : 8192	Quinte	Terz	—	unentschieden	—
$g^{VI} : c^{VII}$	12288 : 16384	Quarte	—	Quarte	Prime	Secunde, Quarte
$g^{VI} : e^{VII}$	12288 : 20480	gr. Sexte	unentschieden	—	Sexte	—

Octaven zu erkennen. Die hier in der Tabelle zusammengestellten Urtheile haben aber darum Interesse, weil sie von vorzüglichen Musikern herrühren, die zum ersten Male so hohe Töne hörten. Das Organ versagt nicht, sondern das Urtheil.

Bei den Tönen unterhalb der gewöhnlich in der Musik verwendeten Tonreihe sind die Urtheile über die Intervalle nicht so unsicher, aber immerhin fehlerhaft auch bei den erfahrensten Musikern, von denen drei z. B. folgende Urtheile abgaben:

Schwingungszahlen	Wahres Intervall	Geschätzt
18 : 36	Octave	Unentschieden; Octave
56 : 128	Gr. None, überm. 2,286 st. 2,25	Grosse None
30 : 50	Grosse Sexte	Kleine Sexte
36 : 40	Kleine Secunde	Grosse Secunde
29 : 50	Gr. Sexte, überm. 1,724 st. 1,666	Kleine Sexte
38 : 19	Octave	Octave von der Quarte
16 : 32	Octave	Nahe einer Quarte
16 : 48	Duodecime	Unentschieden
32 : 64	Octave	Unentschieden
25 : 50	Octave	Grosse Sexte
20 : 30	Quinte	Unentschieden; Octave

Hieraus geht hervor, dass in der Contra-Octave und der Subcontra-Octave eine grosse Unsicherheit in der Beurtheilung der Intervalle eintritt; das Urtheil wird wackelig und versagt auch wohl gänzlich. Aber es ist in hohem Grade wahrscheinlich, dass durch Uebung auch hier Sicherheit erzielt werden könnte, und wohl zu beachten, dass bei Musikern von vornherein die Zahl der richtigen Urtheile, die ich übergehe, grösser als die der falschen ist.

Im Ganzen ergibt sich in Betreff der Abhängigkeit der Empfindlichkeit für die Reinheit eines Intervalls — nicht allein einer Consonanz — von der Tonhöhe, dass dieselbe von den tiefsten Tönen an zunimmt mit der Tonhöhe bis gegen c^{III}. Bei c^{V} ist sie jedoch bedeutend geringer als bei c^{III}, und bei c^{VI} bis e^{VIII} sinkt sie auf ein Minimum, ebenso wie sie von C_{II} bis C_{I} minimal ist. Es erscheint dieses Verhalten durchaus natürlich, wenn man erwägt, dass an der unteren Grenze der Tonscala 2 Schwingungen auf einen ganzen Ton Unterschied kommen, an der oberen dagegen 2048, wie folgende Uebersicht verdeutlicht.

Tiefste Tonleiter mit C_{II} = 16 Schwingungen beginnend		Intervalle	Sehr hohe Tonleiter mit c^{VIII} = 32768 endigend	
C_{II} — D_{II}	2 Schwingungen	8 : 9	c^{VII} — d^{VII}	2048 Schwingungen
D_{II} — E_{II}	2 „	9 : 10	d^{VII} — e^{VII}	2048 „
E_{II} — F_{II}	$1\frac{1}{3}$ „	15 : 16	e^{VII} — f^{VII}	$1365\frac{1}{3}$ „
F_{II} — G_{II}	$2\frac{2}{3}$ „	8 : 9	f^{VII} — g^{VII}	$2730\frac{2}{3}$ „
G_{II} — A_{II}	$2\frac{2}{3}$ „	9 : 10	g^{VII} — a^{VII}	$2730\frac{2}{3}$ „
A_{II} — H_{II}	$3\frac{1}{3}$ „	8 : 9	a^{VII} — h^{VII}	$3413\frac{1}{3}$ „
H_{II} — C_{I}	2 „	15 : 16	h^{VII} — c^{VIII}	2048 „

Während also links auf den grossen ganzen Ton nur 2, beziehlich $2\frac{2}{3}$ und $3\frac{1}{3}$ Schwingungen kommen, verlangt dasselbe Intervall rechts beziehlich 2048 und $2730\frac{2}{3}$ und $3413\frac{1}{3}$ Schwingungen. Beide Extreme vermag das Ohr nicht mehr zu bewältigen, es sei denn durch eigens darauf gerichtete anhaltende Uebung.

V.

Ueber die Empfindung der Stille.

Die Grenzbestimmungen der Tonwahrnehmung haben gezeigt, dass der Tontetanus peripher (und wahrscheinlich auch central) nicht zu Stande kommt, wenn die einzelne Schwingung länger als $^1/_{24}$ bis $^1/_{16}$ Secunde oder kürzer als $^1/_{41000}$ Secunde dauert. Hierdurch ist eine zeitliche Grenze gegeben. Sie haben ferner gezeigt, dass die Localisirung der durch Schallwellen tetanisirten Nervenfaser in der Schnecke unter keinen Umständen, weder mittelst directer Schätzung noch mittelst der Intervallempfindungen $^1/_{20}$ Schwingung erreicht, woraus zu entnehmen, dass keine Faser bis auf diese Grösse genau abgestimmt ist. Hierdurch ist eine räumliche Grenze gegeben. Die Hörnervenenden liegen dicht nebeneinander. Es wird durch einen Ton von n Schwingungen dieselbe Faser am stärksten erregt, wie durch einen solchen von n ± 0,05 Schwingungen. Wenn dagegen der eine Ton n, der andere n ± 0,5 Schwingungen hat, wird schon erkannt, dass zwei Nervenenden getroffen werden, also ein räumlicher Unterschied wahrgenommen. Setzt man die *Membrana basilaris* zu nur 33,5 Millimeter [1]) und die Zahl der Nervenenden nur zu 16400, so ergibt sich, dass geübte Ohren weniger als 0,002 Millimeter Abstand zweier benachbarter Endorgane sicher erkennen, vorausgesetzt, dass jedes Nervenende auf éinen Ton stärker als jedes andere mitschwingt, was nach den Untersuchungen von Helmholtz nicht mehr zu bezweifeln ist.

Ebenso wie durch weiteres Verfolgen dieser Betrachtungsweise die eine Dimension aller Tonempfindung, die Tonhöhe oder Qualität, auf rein quantitative Unterschiede, nämlich auf Zeit und Raumunterschiede physiologisch sich zurückführen lässt, wenn das Organ gegeben ist, kann man die einzige andere Dimension aller reinen Tonempfindung, die Intensität, auf Zeit und Raumunterschiede zurückführbar setzen. Bei der Qualität handelt es sich um den Ort, wo die Luftschwingungen schliess-

[1]) Nach Hensen a. a. O.

lich ansprechen, und um die Zeit, wie lange jede einzelne dauert, dann ist mittelst des Tetanus der Hörnervenfaser (und wahrscheinlich der zugehörigen centralen Ganglienzelle) die grössere oder geringere Glätte der Tonempfindung, d. h. die verschiedene Tonhöhe, bestimmt. Bei der Intensität dagegen handelt es sich, was den Reiz betrifft, primär nur um die lebendige Kraft der Schwingung, gleichgültig wo sie erregend wirkt. In Betreff der Nervenerregung oder des peripheren Tetanus kommt es also auf die Amplitude der Schwingung am äussersten Nervenende allein an. Diese bedingt die Grösse der tetanischen Bewegung in der Nervenfaser. Mag diese Bewegung noch so weit abweichen von der Bewegung der (durch ihre Bewegung als Reiz wirkenden) Flüssigkeit, darin stimmt sie mit ihr überein, dass sie periodisch und mit jener isochron ist. Man kann also unbedenklich folgern dass die von der sogenannten Stärke des Tetanus (Intensität der Erregung) allein primär abhängige Stärke oder Intensität der Empfindung nur durch den Raum bestimmt ist, welchen das bewegte Theilchen am äussersten Nervenende in einer gewissen Zeit zurücklegt. Ist dieser Raum klein, die Geschwindigkeit gering, so hat man die Empfindung leise, ist der Raum gross (in derselben Zeit), so dass die Geschwindigkeit gross ist, dann hat man die Empfindung laut. Es ist nicht nothwendig anzunehmen, dass in jedem Falle mit zunehmender Empfindungsstärke auch die Zahl der erregten Nervenelemente wächst, wiewohl es wahrscheinlich ist.

Wie dem auch sei, zur Grenzbestimmung der Tonwahrnehmung gehört eine Ermittelung, wie leise und wie laut ein Ton werden kann, und wie klein der eben wahrnehmbare Intensitätsunterschied eines Tones unter günstigen Umständen ist. Da es jedoch einstweilen unmöglich scheint, denjenigen Bruchtheil der lebendigen Kraft der Tonschwingungen zu bestimmen, welcher bei der Erregung der Hörnervenenden zur Wirkung kommt, so ist diese Aufgabe vorläufig nur in rohen Umrissen der Untersuchung zugänglich, zumal es noch nicht einmal ein Mittel gibt, überhaupt die Tonstärke mit einer für diesen Zweck hinreichenden Genauigkeit zu messen und nach Belieben einen einfachen Ton durch alle Grade der Intensität von Null an willkürlich und quantitativ bestimmbar anwachsen zu lassen.

Aber nach éiner Richtung kann man dennoch die Grenze auch der Intensität aller Tonempfindung untersuchen.

Bisher war immer nur die Rede von der Erregung einzelner

Nervenenden. Es fragt sich: wie die Empfindung sich verhält, wenn alle Hörnervenenden zugleich erregt sind? Der Fall einer gleichzeitigen starken Erregung aller Fasern wird sich schwer verwirklichen lassen, aber der entgegengesetzte Fall, wo alle Hörnervenfasern zugleich minimal erregt sind, ist realisirt durch die Stille. Und diese Grenzempfindung fordert eine Besprechung.

Hervorragende Forscher behaupten mit Entschiedenheit, dass die Stille keine positive Empfindung sei; so namentlich Fechner [1]), welcher meint, das Auge befinde sich zwar durch das Schwarzsehen, beim Fehlen des äusseren Lichtreizes, vermöge innerer Erregung stets von selbst über der Schwelle, nicht aber das Ohr, indem er ausdrücklich betont: „In der That haben wir, selbst wenn wir unsere Aufmerksamkeit auf das Ohr richten, im normalen Zustande nichts dem Schwarzsehen Analoges, sondern blos das Gefühl der Stille“ und: „Selbst ohne äusseren Lichtreiz haben wir normalerweise eine Lichtempfindung, die des schwarzen Gesichtsfeldes, wogegen wir normalerweise ohne äusseren Schallreiz keine Schallempfindung haben; wonach die psychophysische Thätigkeit des Sehens, aber nicht die des Hörens in unserem Nervenapparate ohne äusseren Reiz über der Schwelle ist.“ Ich behaupte dagegen, dass auch die psychophysische Thätigkeit des Hörens normalerweise ohne äusseren Schallreiz über der Schwelle ist und dass eben die Empfindung der Stille es ist, welche vollkommen der Empfindung des sogenannten Augenschwarz beim lichtdicht verschlossenen Auge oder im Finstern correspondirt. Ebenso wie das Schwarz der Malerei unentbehrliche Empfindung ist, ist die Pause der Musik unentbehrliche Empfindung.

Wie im Auge aus inneren Gründen, so muss auch im Ohre aus inneren Gründen schon durch den Druck der Flüssigkeit in den inneren Ohrtheilen, den Blutstrom und die Wärme eine Empfindung zu Stande kommen, die man nur deshalb gewöhnlich nicht charakteristisch findet und als besondere Empfindung bezeichnet, weil sie entsteht, indem alle oder die meisten tonempfindenden Nerven zugleich erregt sind, nur mit äusserst geringer Intensität. Diese Empfindung ist aber die der Stille. Sie ist die Empfindung des ruhenden Ohres beim Gesunden und durchaus parallel der Empfindung des Augenschwarz, d. h. der Empfindung des ruhenden Auges, die durch minimale Erregung sämmtlicher farbenempfindender Nerven zu Stande kommt. Gerade wie das Sehen des Augenschwarz, eine positive Em-

[1]) Elemente der Psychophysik. Lpz. 1860. Bd. I, S. 251 u. Bd. II, S. 271.

pfindung von geringer Stärke, verschieden ist von dem Nichtsehen, dem Nichtempfinden des Lichtes in Folge von Nichtempfindenkönnen überhaupt, so ist auch die Empfindung der Lautlosigkeit verschieden von dem Nichthören schlechthin. Die Organe, welche nicht Gehörwerkzeuge sind und denen allein das Nichthören in Folge von Nichthörenkönnen zukommt, unterscheiden nicht die Stille und nicht das Laute, es sei denn auf Umwegen (z. B. mittelst Tastempfindungen, Licht). Auch verhalten sich die verschiedenen entotischen Geräusche und Klänge zu dieser Empfindung der Stille gerade wie die verschiedenen entoptischen Erscheinungen zu der Empfindung des Augenschwarz. Es lässt sich in der That nicht leugnen, dass das Ohr, darunter den ganzen Complex centraler und peripherer Hörorgane verstanden, im wachen Leben, sowohl in geräuschloser, wie in geräuschvoller Umgebung, sich stets über dem Nullpunct der Intensität aller Schallempfindung befindet. Nur während des Schlafes sinkt der centrale Theil unter die Schwelle.

Um darzuthun, dass diese Grenze der Tonwahrnehmung ebenso wie alle die anderen bisher discutirten in der That verschieden von Null ist, reichen einfache Ueberlegungen aus. Zunächst spricht dafür die Analogie mit anderen Sinnen, abgesehen von dem Gesicht. Ueber die Natur der durch die äussere Haut vermittelten Empfindungen lässt sich streiten, darüber jedoch ist nicht zu streiten, dass alle diese Empfindungen nur durch Berührung zu Stande kommen. Nun ist aber die Haut immer berührt, nämlich von atmosphärischer Luft. Es ist also immer eine periphere Erregung da, die sich bis zum Centrum fortpflanzt. So lange dieses wach ist, muss also auch immer die Spannung der Haut oder die Berührung derselben durch die Luft empfunden werden. Man beachtet nur diese Empfindung nicht, so lange sie sich gleich bleibt. Wird die Luft bewegt oder durch einen anderen Gegenstand von der Hautoberfläche verdrängt, dann wird die V e r ä n d e r u n g gemerkt, d. h. ein Unterschied percipirt in der Spannung der Gewebe. Ist der berührte Gegenstand von genau der Temperatur der berührten Hautstelle, dann glaubt man auch keine Temperaturempfindung zu haben, weil keine Veränderung der fortdauernd empfundenen, aber nicht beachteten Hautwärme eintritt. Erst wenn die Berührung zugleich die Temperatur der Haut ändert, ist auch die Qualität des Tastsinns die Temperaturempfindung da. Man kann sie nur durch Perception einer Veränderung der Hauttemperaturempfindung haben. Der Zustand, dessen Veränderung hierbei wahrgenommen wird, der Ruhezustand des Tastorgans ist es, welcher dem Ruhezustand des Ohres oder der Stille entspricht. Denn auch jeder gehörter Schall ist die Empfindung unterbrochener Stille.

Ebenso die anderen Sinne. Durch die Wärme und die Bewegung des Blutes müssen auch die Enden der Riechnerven, auf welche fortdauernd die Luft einwirkt, über der Schwelle sich befinden, und, so lange das Centrum wach ist, eine minimale Riechempfindung geben, die weil sie sich normal beim Aufenthalt in reiner Luft nicht verändert, übersehen wird. Gase, also Luftbewegungen, welche die Riechnervenenden nicht stärker erregen als der atmosphärische Stickstoff und Sauerstoff, heissen geruchlos. Luftbewegungen, welche die Hörnervenenden nicht stärker erregen als das warme Blut im Ohr und die Luft in der Paukenhöhle, heissen unhörbar. Sie sind leiser als die Stille, wie auch farbige Flächen, die so schwach leuchten, dass sie die Lichtstärke des Augenschwarz nicht erreichen, also dunkler als die Finsterniss sind, unsichtbar genannt werden. Die Finsterniss selbst ist aber nicht unsichtbar, da sie die Empfindung des Schwarzen gibt.

Beim Geschmack leuchtet unmittelbar die Triftigkeit der nur im ersten Augenblick paradox klingenden Behauptung ein, dass auch im Ruhezustande stets eine positive Empfindung vorhanden ist, die nur darum nicht besonders beachtet wird, weil sie sich nahezu gleichbleibt. Die Mundflüssigkeit enthält Chlornatrium, kohlensaures Alkali und andere schmeckbare Stoffe in Lösung. Sie bedeckt überall die Zunge. Jene Stoffe müssen — ganz abgesehen von der permanenten Erregung der Geschmacksnervenenden durch den Blutstrom — sehr schwache Geschmacksempfindungen veranlassen. Den Beweis dafür liefert die Erfahrung, da in der That bei Concentrirung des Speichels durch Verdunstung des Wassers (z. B. nach dem Schlafen mit offenem Munde) mitunter ein „pappiger" Geschmack auftritt. Hier wird die Veränderung des immer vorhandenen Speichelgeschmacks, indem er sich verstärkt, wahrgenommen. Andererseits kann man durch Abkratzen der Mundflüssigkeit vom Zungenrücken und Abwaschen desselben mit destilirtem Wasser sich leicht überzeugen, dass der Zustand des Geschmacksorgans sich verändert hat. Das destillirte Wasser schmeckt „fade", indem die Salze des Speichels sich nun in zu verdünnter Lösung befinden, um den gewöhnlich vorhandenen Geschmack zu geben. Es ist also streng genommen nicht correct Lösungen geschmacklos zu nennen, deren Mischung mit Speichel nicht anders als Speichel schmeckt. Aber man nennt auch Luftbewegungen tonlos, welche mit den Bewegungen im Ohre zusammen nicht anders klingen als die Stille.

Eine andere Ueberlegung, welche die Stille als eine wahre Empfindung aufzufassen nöthigt, ist ihre Veränderlichkeit. Wäre sie blos die Abwesenheit aller Tonempfindung, womit garnichts gesagt ist, da sie auch die Abwesenheit aller Licht- und Tonempfindung u. s. w. ist, so könnte der Zustand des Sensoriums, den man Stille nennt, nicht verschieden sein. Wer aber im Stande ist, seine volle Aufmerksamkeit auf die Stille zu concentriren, wird bald bemerken, dass dieser oft eigenthümlich angenehme Zustand sich nicht immer gleich bleibt. Es wird auch dem ganz Gesunden gelingen, äusserst leise continuirliche entotische Tonempfindungen während der Stille wahrzunehmen, deren Stärke und Höhe zu verschiedenen Zeiten ungleich sind, gerade wie das Augenschwarz zu verschiedenen Zeiten sehr ungleich ist. Aubert[1]) und Hering[2]) haben darüber Beobachtungen mitgetheilt, die so vollkommen übereinstimmen und nach meinen Erfahrungen so zutreffen, dass man den Satz als sicher festgestellt anzusehen hat: das Dunkel im lichtdicht geschlossenen Auge, welches gleich ist dem sogenannten Schwarz im lichtleeren Raume bei offenem Auge, ist von sehr ungleicher Helligkeit oder Dunkelheit. So ist auch die Stille sehr ungleich still, wie es nicht anders sein kann, wenn man erwägt, dass die Erregung der Hörnervenden auch unter dem Werthe, welcher eine leiseste Tonempfindung gibt, noch an Stärke variiren kann, und dass die Erregbarkeit der Nerven variirt, auch wenn nicht durch narkotische Mittel oder andere Eingriffe entotische Geräusche veranlasst werden. So leicht es ist bei abgelenkter Aufmerksamkeit die permanente Erregung im Ohre nicht zu merken, so schwer ist es bei gespannter auf das Ohr gerichteter Aufmerksamkeit einen Zustand zu erleben, wo nicht irgend etwas gehört würde, sei es etwas Entotisches oder ein äusserer Schall. Und selbst wenn man einmal in einer windstillen Nacht vollkommene Stille zu empfinden glaubt, genügt es, grosse Resonatoren an das Ohr zu bringen, um sofort zu erkennen, dass es eine Illusion ist zu meinen, es könne jeder Schall-

---

[1]) Physiologie der Netzhaut. Breslau 1865, § 147.

[2]) Zur Lehre vom Lichtsinn § 23. Aus dem 49. Bde. des Sitzungsber. der Akadem. der Wissensch. 3. Abth. März 1874. Wien.

reiz irgendwo und irgendwann auf der Erdoberfläche absolut fehlen. Ich habe in der afrikanischen Wüste, in den Gletschern der Alpen, in den öden Lavafeldern Islands, auf unbewegtem Ocean keine absolute Stille beobachtet. Immer ist irgend ein Geräusch objectiv oder subjectiv wahrnehmbar. Je weniger belebt solche Gegenden sind, je ruhiger die Luft ist, desto mehr wird zumal in der Nacht die Fortpflanzung der Schallwellen aus grosser Entfernung in genügender Stärke, um eine Gehörsempfindung zu erregen, begünstigt, so dass sogar, wie Th. Young berichtet, eine menschliche Stimme auf dem Meere bei Gibraltar in einer Entfernung von zwei geographischen Meilen, und wiederholt in einer solchen von zwanzig Meilen Kanonendonner gehört worden ist. Bei Luftballonfahrten scheint es eher möglich, eine vollkommene Stille herbeizuführen, aber schwerlich wird der Ballon selbst ganz geräuschlos bleiben können.

Will man das Minimum der Schallerregung herbeiführen, so kommt es selbstverständlich vor Allem auf Beseitigung jeder anomalen entotischen Empfindung an, was schon Schwierigkeiten macht. Leicht lässt sich dagegen künstlich eine Reihe von entotischen Geräuschen erzeugen, die näher untersucht zu werden verdienen. Ich habe jedoch derartige Experimente nur in geringer Zahl angestellt, weil sie nicht ungefährlich sind, vielleicht bleibende Aenderungen herbeiführen können und einmal sogar zu einer wahren Gehörshallucination Anlass gaben.

Ich liess nämlich den Klang einer Zungenpfeife von 256 Schwingungen in lautloser Umgebung vollkommen gleichmässig ertönen, und fand, nachdem er 8 Minuten lang hintereinander angehalten worden war, während ich das rechte Ohr fest zuhielt (mit dünnem in den äusseren Gehörgang gepresstem Handschuhleder), dass unmittelbar nach dem Aufhören des Klanges im linken Ohr ein eigenthümliches Plätschern auftrat, welches so laut war, dass ich einen Augenblick glaubte, dass in der Nähe plätscherndes Wasser sei, was aber nicht der Fall war. Dieses ganz eigenthümliche Geräusch im Kopf dauerte ohne Unterbrechung eine volle Minute, dann hörte ich es nicht mehr, und im linken Ohr wurde es von da an still. Nun öffnete ich das rechte Ohr und war verwundert, ein starkes Brausen in diesem zu haben, welches erst nach einer halben Stunde merklich abnahm.

Nach mehreren Tagen wiederholte ich denselben Versuch mit demselben Klang in gleicher Intensität, hielt jedoch beide Ohren offen. Auch hier trat sehr stark nach 8 Minuten langem aufmerksamem Hören des einen Klanges dasselbe Plätschern, diesmal in beiden Ohren auf, besonders laut in dem der Klangquelle näherem linken Ohr. Es währte $1\frac{1}{4}$ Minute und klang etwa so, als ob Wasser durch weite Röhren, in denen Luftblasen aufsteigen, in Bewegung erhalten würde. Nachdem dieses Geräusch aufgehört hatte, trat starkes Ohrenbrausen ein, welches stundenlang mit abnehmender Stärke anhielt. Unmittelbar nach der Beobachtung fand ich das linke Ohr in beiden Versuchen nicht im Geringsten schwerhörig, da das Tiktak einer Taschenuhr vollkommen deutlich und ohne Unterbrechung in einer Entfernung von 30 Fuss gehört wurde.

Später bemerkte ich öfters jenes Plätschern (ohne aber jemals wieder an seiner subjectiven Natur zu zweifeln) schon wenn ein Klang 1 oder 2 Minuten anhielt, was bei dem häufigen Stimmen der Instrumente nicht zu vermeiden war, und dabei geschah es auch, dass noch am folgenden Tage die Schwebungen, namentlich hoher Töne, entotisch wiederkehrten, wenn die Umgebung sehr ruhig wurde.

Interessante Beobachtungen und Versuche über derartige Nachwirkungen lauter anhaltender Klänge hat P. Jacobs angestellt.[1])

Man kann aber mannigfaltige Schallempfindungen im gesunden Ohre auch ohne äusseren Schallreiz hervorrufen.

Ich bin z. B. im Stande, wenn ich liegend ein Ohr mit einem Finger verschliesse, die einzelnen Phasen der Herzthätigkeit und die Contraction und Expansion von Arterien vollkommen deutlich zu hören. Ich habe ferner ein mit dem Pulse isochrones Anschwellen und Abschwellen der in der Stille hörbaren sehr hohen und äusserst leisen Töne. Beim Verschliessen der beiden Ohren mit je einer Hohlhand wird auch das Muskelgeräusch immer deutlicher, und ich höre dann oft Schwebungen, ungefähr 6 bis 10 in der Secunde, welche kaum auf etwas Anderes als die ungleiche Höhe der Muskeltöne zurückgeführt werden können, indem es entweder Schwebungen der Muskelgrundtöne oder der Obertöne unhörbar langsamer Muskelschwingungen sind.

[1]) De auditus fallaciis. Dissert. inaug. Bonn 1832. 4°.

Druck von G. Pätz in Naumburg a/S.

Made in the USA
Monee, IL
04 November 2026

67388651R00049